天地創造の謎と
サムシンググレート

久保有政 著

学研
mu SUPER MYSTERY BOOKS

「進化

テリジェント・デザイン理論」
——宇宙と生命体をデザインしたのはだれか!?

まえがき

ダーウィン以来、世界で説かれ、また信じられてきた「進化論」。しかしその実状は、いまや瀕死《ひんし》の状態だ。

その一方、進化論にとって代わるようにして現れた新しい科学がある。それが「インテリジエント・デザイン論（ＩＤ理論）」、および「創造論《そうぞう》（創造科学、科学的創造論）」である。本書は、これらの理論を紹介するものである。

進化論は、これまで人々の「常識」とされてきたものだ。「科学的事実」として学校で教えられ、テレビで語られ、人々の間で伝えられてきた。

はじめに、無生物から最初の単純な生命が生まれ、それが徐々に変化して、やがて多細胞《たさいぼう》で複雑な機能の生物へと進化し、最後にもっとも高度な生命形態としてヒトが生まれた、と主張する生物進化論は、ダーウィン以来、科学界で不動の地位を得たかに見えた。

国内外の学者を問わず、「進化は事実である」「進化論は科学的真理だ」という言葉は、いくどとなく語られてきたし、学校でも説というよりは事実として教えられてきたものである。もはや決してくつがえされることのない絶対的真実であるかのように、唱えられてきた。

●――4

ところが、これが今日ではずいぶん事情が異《こと》なっている。実際のところ進化論は、その「証《しょう》拠《こ》」とされたものが、ことごとくくつがえされてしまったのだ！　進化論は、もはや何ら健全《けんぜん》な科学的根拠を持たなくなってしまった。それは事実上、空虚《くうきょ》な理論と化している。

初めて聞く方には、とても信じられないことかもしれない。けれども、はっきりいって進化論は今や「瀕死《ひんし》の状態」なのである。すでに片方の足を棺桶《かんおけ》のなかに入れている、といってもいい。ある人はこれを、

「ボクシングでたとえるなら、かろうじて立っているが、KO寸前。タオルが投げこまれるのを今や遅《おそ》しと待っている状態だ」

という。現在の進化論の状態について、たとえば『脊椎《せきつい》動物の起源』の著者N・J・ペリルも、

「かつて起こったとされている出来事なり変化のうちで、そういうことが実際にあったという直接の証明、または証拠があるものはひとつもない。…（中略）…ある意味では空想科学小説と何ら変わりがない」

と述べている。またベストセラー『キリンの首』の著者フランシス・ヒッチング（イギリスの科学ジャーナリスト）も、

「わけもわからないままに、ヒトは、アメーバから徐々に昇りつめてきたとわれわれは信じ込

まされているが、化石の記録はそれと矛盾《むじゅん》する」と述べた。そして著名な生物学者スティーブン・J・グールドは、「化石などの直接的な証拠で進化論を証明することができない、という厳然《げんぜん》たる事実は、一般に知られることなく隠《かく》されてきた『業界の秘密』なのである」と告白しているくらいだ。このグールドは、『ワンダフルライフ』をはじめとするベストセラーの著者であり、進化論を世に広めてきた著名な進化論者である。ところがその彼自身が、もはや進化論を証明するものはまったくないと、認めているのだ。

こうした進化論の崩壊《ほうかい》は、多くの人にとってショックかもしれない。しかし、たとえ何百年もの間信じられ、「科学上の真理」とされたものであっても、時代とともに新しい科学に置き換えられた例は、今までにいくつもある。

科学界には、「パラダイム・シフト」という言葉がある。これは、重要な発見や理論の登場により、それまでの古い考え方が根底からくつがえされて、１８０度違う新しい考え方に変わってしまうことだ。

たとえば、中世における「天動説《てんどうせつ》」は、精巧《せいこう》な数学を使った立派《りっぱ》な科学理論だったが、やがて「地動説」に置き換えられた。太陽が地球のまわりをまわっているのではなく、地球が太陽のまわりをまわっている、という地動説への大転換は、その理論の発見者の名をとって「コペルニクス的転換」と呼ばれた。

また近代においては、ニュートン力学を越える理論として、アインシュタインの相対性理論が登場した。さらにその後の量子力学の登場などにより、科学界の「常識」は、しばしば塗り替えられてきたのである。

これらがパラダイム・シフト＝考え方の大転換の代表的な例である。それと同様に、今や「進化論」に対しても、「パラダイム・シフト」「コペルニクス的転換」が起こりつつあるのだ！

科学は、何世紀かたつと、もっと優れた科学に置き換えられるものなのである。過去にも、パラダイム・シフトが何度か起こってきた。では、これまでの進化論に代わる新しい科学とは何か。

それが本書でこれから紹介しようとしている「インテリジェント・デザイン論」、および「創造論」（創造科学）である。本書では、まず「インテリジェント・デザイン論」について、次に、「創造論」についてみていきたいと思う。

久保有政

もくじ

第1章 インテリジェント・デザイン理論の登場

進化論は正しいのか

進化論は今や崩壊《ほうかい》の寸前にある——これは、多くの読者には驚《おどろ》きかもしれない。だが、事実である。

これまで、進化論の「証拠《しょうこ》」とされたものはいくつかあった。だが、今ではそれらは真の「証拠」ではなかったことが、白日のもとにさらされてしまった。進化論の証拠は事実上もはやひとつもない。

これは今日、科学界にとって、とりわけ生物学者の間では、外部には知らせたくない一種の「企業秘密」である。だが、科学の内情に詳《くわ》しい者たちの間では、すでに、よく知られた事実なのだ。

一方、そうした進化論の代替案《だいたいあん》として今や多くの科学者の間に広まりつつあるのが、「インテリジェント・デザイン論」および「創造論（創造科学）」である。

まず進化論の内情についてみてみよう。

近代の生物進化論は、19世紀英国の自然科学者チャールズ・ダーウィンに始まった。彼の著『種《しゅ》の起源』は、出版されるやいなや圧倒的《あっとうてき》な支持を受け、やがて全世界に広まった。

はじめ無生物から、アメーバのような原始的な単細胞生物が生まれ、そののち多細胞生物に変化し、やがて藻類《そうるい》や、さまざまな植物、また魚類や、両生類、鳥類、爬虫類《はちゅうるい》、哺乳類《ほにゅうるい》などへと次第に進化し、最後にもっとも高度で複雑な生命体としてのヒトが生まれたとする進化論は、日本でも海外でも、あたかも「疑うことのできない科学的事実」また「常識」として語られてきた。

小学校、中学、高校、大学、大学院に至るまで、またテレビでもラジオでも、新聞でも雑誌でも、あらゆる場所、あらゆるメディアを通じて、われわれに教えこまれてきたものである。そして、もし進化論以外のことを説いたり、教えたりすれば、アカデミズムから追放されたり、または白い目でみられるような状態が続いてきた。

進化論は、ダーウィン以後もさまざまな学者によって発展させられてきた。しかし、昔から基本的に変わらないのは、生物は「突然変異《とつぜんへんい》」と「自然淘汰《しぜんとうた》」によって進化・発展したきた、という説である。

つまり、偶然、何らかの原因で、ある種の生物に突然変異が起こる。つまり生命体に「新しい何か」が生じる。進化論者は、突然変異には良いものと悪いものがあると考えているが、悪い変異が生じた生物は環境に適応《てきおう》できず、やがて死滅《しめつ》していくだろう。自然淘汰される。

しかし、良い変異が生じた生物は環境に適応して生き残り、その良い変異が積み重なっていけば、しだいに原始的な生物から高度で複雑な機能を持つ生物が生まれていき、こうして生物は進化・発展していったのだと進化論者は考えた。

これは仮説としては面白かった。ところが、「突然変異」と「自然淘汰」だけで本当に生命の成り立ちを説明できるのかというと、決してそうではないことは、今日、科学者ならば、ほとんどだれもが気づいていることなのである。

なぜなら、こうしたダーウィン流の進化論は、盲目的《もうもくてき》な力である「偶然」を原動力としている。はたして、導《みちび》かれない力＝偶然によって、これほど多種多様で高度な生命体の数々が誕生したなどということが、本当にあり得るのか？

進化論者は、何億年という長い歳月の間にはそれも可能だった、という。だが、はたして本当にそうか？　偶然とは、やみくもに進む力である。わけのわからない、行き当たりばったりの、そんな盲目的な力に、これほど多種多様で高度なシステムからなる生物界を生みだす力があったというのだろうか？

これは素朴《そぼく》な疑問かもしれない。だが、そうした素朴な疑問にこそ、実は真理に至る重要な理解の鍵《かぎ》があるといっていい。

読者も、学校で進化論を教えられたとき、

「本当にそんな偶然を原動力として、これほど多種多様な生物界が生まれたのか」

という疑問を持たなかっただろうか。一度は持ったに違いない。ところが、あまりに「進化論は事実だ」と教えられるし、その説を頭に入れないとテストで落第点を取ってしまうから、説を学んでいるうちに、その疑問もどこかに行ってしまっていたのではないだろうか。

しかし、理性的な科学者たちは、その疑問を持ちつづけたのである。

近年、彼らは、これまでのダーウィン流進化論の「突然変異」「自然淘汰」の考え方に異議《いぎ》を唱え始めた。彼らは、「インテリジェント・デザイン（Intelligent Design／知的デザイン）」という考えによって、生命の成り立ちを説明しはじめたのである。

この「インテリジェント・デザイン論」は、その頭文字をとって「ＩＤ理論」とも略称《りゃくしょう》される。

⬆『種の起源』の著者チャールズ・ダーウィン。今日では、ダーウィン流進化論を否定する人々が増えている。

また、ＩＤ理論＝インテリジェント・デザイン論とは別に、「創造論（創造科学、科学的創造論）」と呼ばれる理論を説く科学者たちも、一方では増えている。これらインテリジェント・デザイン論、そして創造論とは、どんな科学理論なのだろうか。

これらの理論を説く科学者たちの増加は、決して、世界の片隅《かたすみ》で起こっているごく一部の現象ではない。今や全世界で、そうした科学者たちが大勢現れるようになってきているのだ。

インテリジェント・デザイン論の登場

「インテリジェント・デザイン論」および「創造論」は、基本的に「反進化論」という立場で共通している。

読者のなかには、これら両理論は同じもの、と思っている方もいるかもしれない。たしかに重なる部分もあるし、実は創造論のなかでも、昔からインテリジェント・デザイン論と同じような内容は説かれていた。インテリジェント・デザイン論は、昔、創造論の一部であったこともある。

しかし、今日の「インテリジェント・デザイン論」を説く科学者たちは、「創造論」の科学者たちとは別の人々である。また両者は、別々の特長を持つようになっている。だからこれらふたつの理論は、別物として扱ったほうがよい。

両者の違いはどこにあるのか。まず、ひとつめは、「インテリジェント・デザイン論者」のなかには、進化論の全面否定はせず、部分的な否定にとどまる者もいる、ということである。そして一方の「創造論者」はみな、進化論を全面否定する。

はじめに、「インテリジェント・デザイン論」のほうから見てみよう。この理論は、「生命は

『盲目的進化』によって発生したのではなく、インテリジェント・デザイン、つまり知的デザイン＝知的設計をもとに誕生した」とするものである。ここでいう「デザイン」は、図案《ずあん》といった意味ではない。むしろ設計、立案、計画、目的、意図《いと》といった意味である。

つまりインテリジェント・デザイン論＝知的デザイン論は、生命体は、導かれない盲目的な進化の結果生まれたのではなく、知的な設計や立案によって誕生した、とする理論なのだ。そうした意味で、これは従来の進化論を否定している。

しかし進化論そのものを全面否定するかというと、必ずしもそこまで至らない者も少なくない。たとえばインテリジェント・デザイン論者のなかには、地球の年齢を45億年、宇宙の年齢を150億年とする進化論者の主張を受け入れている者もいる。

主要な生物の種の起源についても、それらが別個に生まれたのではなく、進化論の説のように共通の先祖から分かれでた、と考えている者もいる。その意味で、彼らは進化論の説を一部受け入れており、進化論そのものを完全否定しているわけではない。

この理論に立つ科学者たちは一致して、「従来のダーウィン流の進化論」＝ダーウィニズムを否定するのである。彼らは、従来の「古い進化論」を改革しようとしている人々と、いってよいかもしれない。

彼らによれば、偶然を原動力とする「盲目的進化」、「導かれない進化」の理論は間違いである。むしろ生命は「インテリジェント・デザイン＝知的デザイン」を受けて誕生した、と考える。たとえば、英国オックスフォード大学の学者F・C・S・シラーは、「インテリジェント・デザイン」という言葉をいち早く使った人だが、１８９７年に、

「進化の過程がインテリジェント・デザインによって導かれたかもしれないという想定を、排除することはできない」

と書いている。これは、「進化の過程で知的デザインの働きがあった」と主張するもので、進化を認めながらも知的デザインを説いたものだ。「偶然」を原動力とする突然変異、自然淘汰ではなく、進化の過程に「知的デザインの働き」が関与《かんよ》したという。

これは一種の「有神論的《ゆうしんろんてき》進化論（有神進化論）」である。もっとも、インテリジェント・デザイン論の科学者たちは、「神」という言葉は使わない。「神」という用語を避《さ》け、「インテリジェント・デザイナー＝知的設計者」という言葉を用いる。

しかし、それはわれわれ人間の知性をはるかに越えた偉大なる存在者をさす。それが進化のプロセスに関与したと考えるわけだ。つまり、生命における知的デザインを認めるとともに、進化論をも認める立場となっている。盲目的進化ではなく、知的デザインによる進化である。

これは従来のダーウィン流の盲目的進化の理論を抜けでたということでは、非常に大きな変化といえるだろう。無神論的進化論から、有神論的進化論への転換だ。

進化論を全面否定する人々

しかし、このように進化論の部分否定にとどまっている人々もいる一方で、インテリジェント・デザイン論の科学者たちのなかには、進化論を全面否定する人々も少なくない。

今日、進化論そのものが瀕死《ひんし》の状態にあることについては、多くの書物が出され、正直な科学者ならだれもが認める状態になってきている。たとえば、化石記録において進化論に有利な科学的証拠はひとつもないことについて、世界の全化石の20パーセントが保存されているシカゴ・フィールド博物館の館長デービッド・ロープは、こう書いている。

「進化論の立場から生命を説明するうえで、化石がそれを証明してくれると思っている人は多い。さて、ダーウィンが『種の起源』を書いてから120年たつ今、化石記録に関する研究は大いに進んだ。しかし皮肉《ひにく》なことに、進化論を支持する実例は、まるで出てこないのである」

化石記録のどこを見ても、原始的な生物から高度な生物へ徐々に進化していったという説を証明するような、種と種の「中間型（別の種への移行を示すような化石）」はひとつも発見されていない。生物の種は、すべて突然に出現しているのだ。また、いきなり多種多様な生物が同時に出現している。

どこを見ても、生物の種は進化によって現れてきたという考えに矛盾《むじゅん》することばかりだ。だから、インテリジェント・デザイン論の科学者たちの間にも、進化論を全面否定する人々は多い。

次に、「創造論（Creationism）」をみてみよう。「創造論」に立つ科学者たちは、みな一貫して進化論を全面否定している。彼らは、進化論自体に価値を認めず、「進化論は間違っている」と主張してはばからない。完全な反進化論の立場である。

創造論は、「創造科学（Creation Science）」とも呼ばれる。そしてインテリジェント・デザイン論とともに、今日、科学界で大論争を巻き起こしている。

さて、ここまで読んだ読者のなかには、「インテリジェント・デザイン論」も「創造論」も宗教ではないのか、と思う人もいるかもしれない。しかし、決してそうではない。

なぜなら、それらはいずれも、科学の最先端分野などで働く科学者や、科学を専門とする教授、研究者たちが唱えているものなのである。科学的根拠をしっかり持った科学理論として登場している。

とくにインテリジェント・デザイン論は、いかなる宗教にも属《ぞく》さず、『聖書』も用いず、「神」という言葉も使わず、ただ科学の言葉と論理、科学上の証拠だけを使って生命の成り立ちを説明しようとしている点で、純粋な科学理論だといっていい。

またインテリジェント・デザイン論を説く科学者たちが、個人的に何か宗教を持っているかというと、必ずしも持っていない場合も多い。キリスト教徒の場合もあるが、無宗教の場合も多いし、不可知論者《ふかちろんじゃ》の場合もある。

一方、創造論のほうは、若干、宗教的な叙述も用いる。『聖書』を用いることもあるし、「神」「創造」「創造者」という言葉を使うこともある。そうした面では宗教がベースにある。また、それを説く科学者たちは、基本的に『聖書』への信仰をベースに持った科学者たちである。『聖書』を信じる科学者たちといっていい。

しかし、では彼らは宗教として創造論を唱えているかというと、決してそうではない。科学としての創造論を唱えている。つまり創造論とは、「世界とすべての生物は、『聖書』に記されたような特別な創造によって出現したと考えたほうが、健全な科学上のすべての証拠をよく説明できる」と主張する科学理論なのである。この創造論については、本書の後半部で見ていこう。

生命体システムは知的デザインの結果

読者のなかには、「知的デザイナー」「知的設計者」とか「創造」「聖書」という言葉が出てくるだけで、もはや科学とは関係のない話と思う方もいるかもしれない。しかしこれから筆者が進めていく話は、すべて科学の話である。

科学界に今、現実に起こっている革命的な理論に関する話だ。

もっとも、読者が「インテリジェント・デザイン論」や「創造論」に、すぐさま賛同するか否かは決して重要なことではない。彼ら科学者たちの言葉に、ともかく耳を傾《かたむ》けてみるならば、それはきっと読者の思考に対し大きな知的刺激となるに違いない。

はたして進化論は正しいのか、それともインテリジェント・デザイン論や、創造論が正しいのか、それを判断するのは読者である。

さて、インテリジェント・デザイン論の科学者たちは基本的に、従来のダーウィン流の進化論でいわれてきたような「偶然」という原動力からは、生命の精妙《せいみょう》かつ複雑なシステムは決して生まれない、という考えに立っている。

生命を成り立たせている見事な生体システムは、知的デザインの結果だという思想であるが、なぜこうした思想が世界的に注目を集めたのだろうか。それは、この理論を唱えはじめた人々が、いずれも非常に高名な科学者たちだった、ということがある。また社会的地位の高い人たちでもあった。

たとえば米国リーハイ大学の教授で、一流の生化学者として著名なマイケル・J・ベーエ博士（Michael J. Behe）は、従来の進化論を批判したベストセラー『ダーウィンのブラックボックス』を著した。これは、今日のインテリジェント・デザイン論のもととなったものでもある。

また高名な生物学者ジョナサン・ウェルズ博士は、「ディスカバリー研究所」なる組織を立ちあげた。これは、インテリジェント・デザイン論を展開する組織である。彼は、進化論に反対する科学者たち514名の署名を集めたほどの反進化論者でもある。

そのほか、アイダホ大学の微生物学者スコット・ミニッチ教授、カリフォルニア大学法学部のフィリップ・ジョンソン教授、コロラド大学教育学部のディック・カーペンター教授なども、著名なインテリジェント・デザイン論者として活躍している。

鞭毛モーターの例

インテリジェント・デザイン論の考え方を、実例をあげて少し見てみよう。

マイケル・J・ベーエの『ダーウィンのブラックボックス』から、いくつか見てみたい。この本の英題には、「進化論に対する生化学的挑戦」という副題がついている。

「生化学」とは、生命現象を化学的に研究する学問である。また分子レベルで研究する学問である。ベーエ著のこの本は、今や生化学上の数々の新しい発見によって、進化論が崩壊したことを述べている。

彼はまた、生物の生化学的システムは「知的存在によってデザインされた」ものだ、とも結論づける。彼は多くの実例を挙げているが、バクテリアの「鞭毛《べんもう》」の例は有名だ。

鞭毛とは、バクテリアに、しっぽのような形でついている一本の毛である。見た目には単純に見える。しかしこれは単なる飾《かざ》りではない。1973年に、この鞭毛を「回転させて泳ぐ」バクテリアがいることがわかったのだ。

つまり、鞭毛をひらひら左右に動かして、オールのように漕《こ》いで泳ぐのではない。鞭毛を「プロペラのように回転させて」泳ぐのである。

バクテリアが一方向に進むとき、鞭毛はモーターボートのプロペラのように液体中を回転して、推進力を与える。これは1分間に数千回も回転することができる。また進行方向を逆転するときは、回転は止められ、バクテリアは急停止して、とんぼ返りをする。

一体どうやって鞭毛を「回転」させるのか。なんと鞭毛の根もとには、鞭毛を回転させるための一種の「モーター」がついている！

いったいどんな「モーター」かというと、細菌の膜《まく》を通る酸《さん》（水素イオン）の流れが生みだすエネルギーを使った「モーター」なのである。それは私たち人間が使っているモーターと同様、いくつもの「部品」からなる精巧《せいこう》な「機械」である。

さまざまな種類の分子という部品からなるものだが、それらの部品から構成されたモーターが、鞭毛を一種のプロペラのように回転させて、細菌に推進力を与えている。

また細胞壁《へき》には、この鞭毛と、モーターをつなぎとめるための分子の枠組《わくぐ》みがある。そのモ

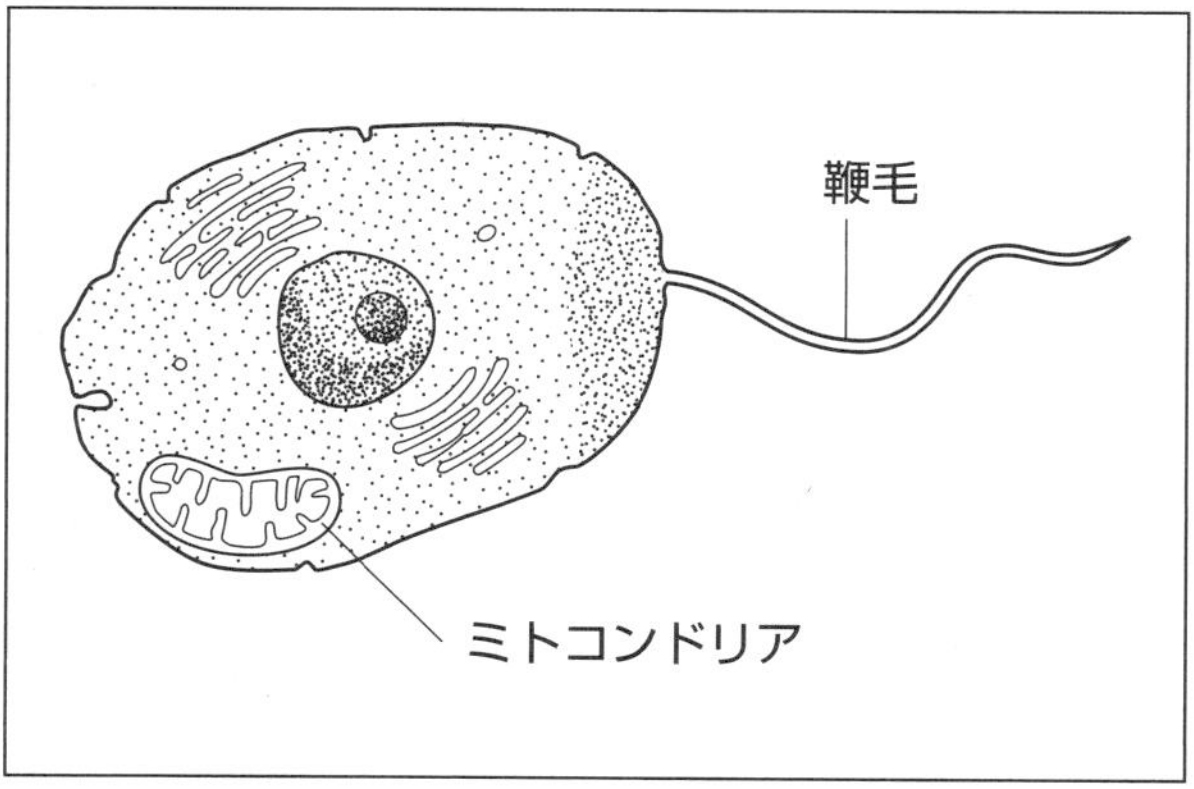

⬆（上）インテリジェント・デザイン論の名著『ダーウィンのブラックボックス』の著者マイケル・J・ベーエ（写真＝AP images）。
（下）バクテリアと鞭毛《べんもう》。

ーターに「指令」を与えるシステムも存在する。それらの「部品」「システム」がすべて、相互にうまく調和して働いて初めて、鞭毛は、細菌に推進力の機能を与えるようになる。

これは、見事な形に完成した一種の「生化学的機械」なのだ。

もちろん、それらの「部品」のひとつでも欠ければ、鞭毛はまったく機能しない。モーターがなければ回転しないし、プロペラがなければ推進力とならない。それらを細胞壁につなぎとめる分子の枠組みも、適切な形で存在していなければならない。

また研究者たちは、鞭毛と、そのモーターの組み立て、作動には、数ダースにおよぶタンパク質が関わっていることを突きとめた。もし、それら数ダースのタンパク質のひとつでも欠ければ、この装置は動かなくなってしまう。

ここには余分なものは一切ない。それは、推進力という機能を持たせるために高度な知性をもってデザインされた、としか考えられない見事な構造を持っているのである。

生命は分子からなる精巧な機械

このように生化学が発達するにつれ、生命はさまざまな分子から構成された精巧な「機械」であることが明らかになった。

もちろん、鉄やアルミや他の諸金属《しょきんぞく》やプラスチックなどの堅《かた》い部品からなる機械ではない。

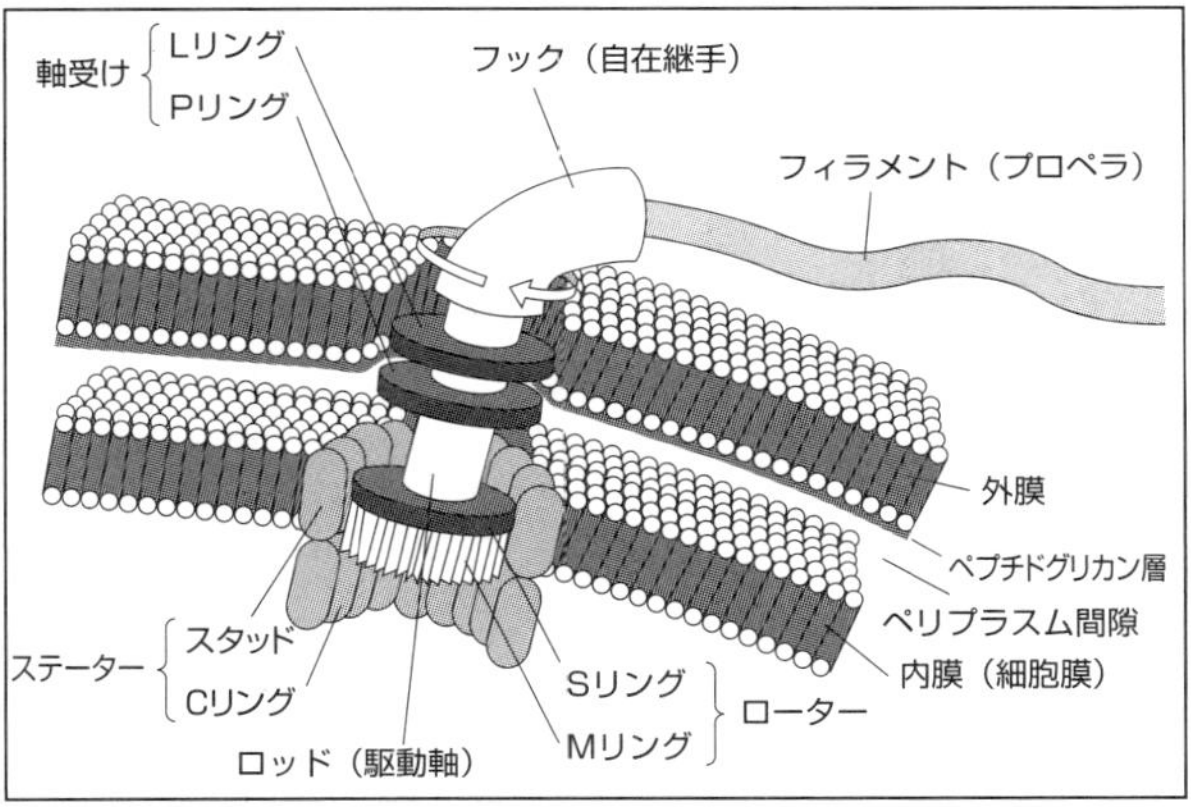

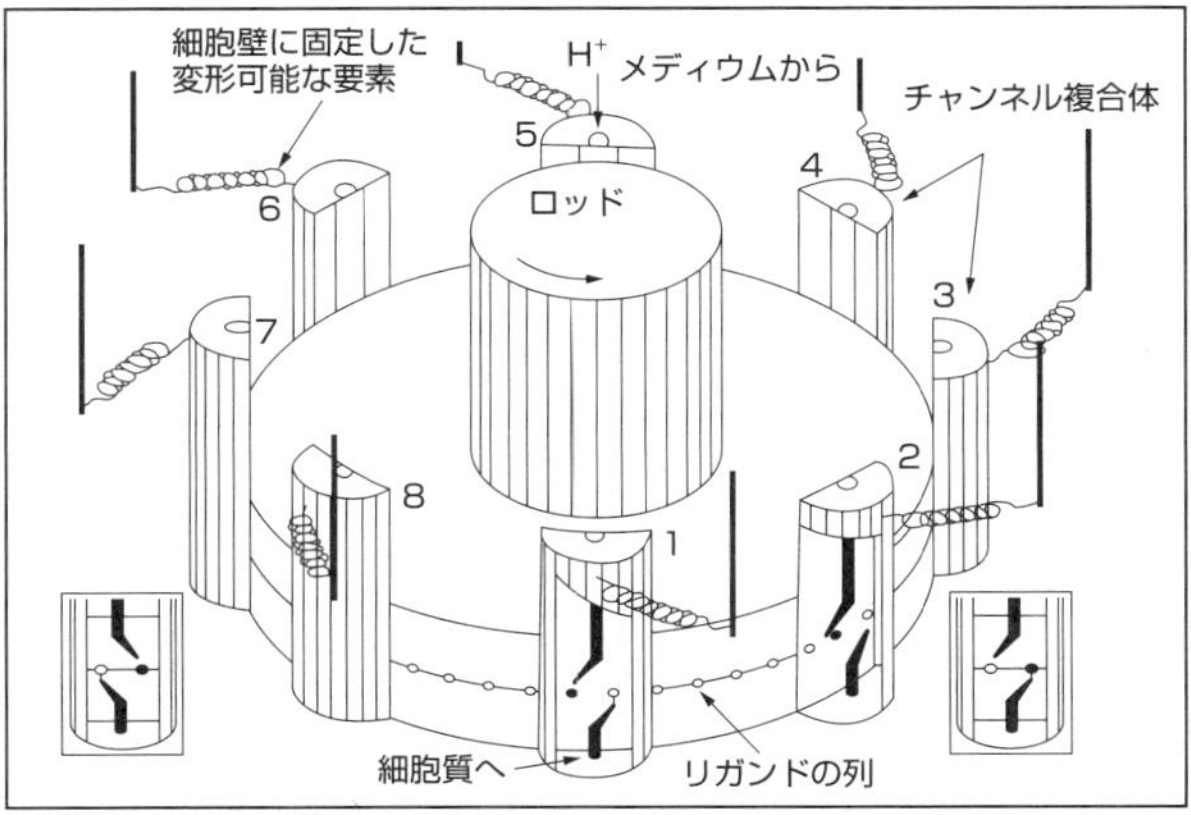

⬆（上）バクテリアの鞭毛の構造図。根もとに一種のモーターがあり、鞭毛をプロペラのように回転させて泳ぐ。（下）このモーター（酸駆動《さんくどう》式《しき》）の推定モデル（いずれも『ダーウィンのブラックボックス』をもとに作成）。

しかし、やわらかいタンパク質や、アミノ酸や、イオンやその他の諸分子から構成された精巧な機械構造を持っているのである。

こうした生命体の見事な構造と成り立ちを、進化論で説明した論文はひとつもない。説明をしようにも、進化論では決して説明できないからだ。はたして偶然の積み重ねだけで、こんなにすごいものができるのか。ベーエは、こう述べている。

「生化学者たちは、繊毛《せんもう》や鞭毛のような見た目は単純な構造の調査を始めるにつれて、何ダース、何百という精密《せいみつ》に調整された部分からなる、圧倒的《あっとうてき》な複雑さを発見した。…（中略）…ダーウィン主義理論は、繊毛も鞭毛も全然説明してない。泳ぐシステムは、その圧倒的複雑さで、決して解明されることはあるまいと考えさせる窮地《きゅうち》に、私たちを追いこんでいる」

つまり生物には、ダーウィン流の進化論では説明できないものがあまりに多すぎる、ということである。

鞭毛の例をとりあげたが、もうひとつ見てみよう。たとえばわれわれの血液は、空気にふれると凝固《ぎょうこ》する。すり傷などを負って多少の血が出ても、時間が経つと、外に出た血液は固まって傷口をふさぐ。

これは、見た目には非常に単純な現象かもしれない。「ただ固まるだけじゃないか」と。しかしベーエは、血液凝固の裏には、驚《おどろ》くほど精巧で複雑な生化学的仕組みがあることを明らかにした。

血液凝固には、1ダース以上のタンパク質分子が関与《かんよ》しているのだ。そして凝固が正しく起こるためには、そのいくつものタンパク質分子が、「時間的に順序正しく」反応し合わなければならない。

たったひとつのタンパク質分子が欠けても、血友病《けつゆうびょう》の場合のように、凝固は起こらなくなってしまう。凝固システム全体がこわれてしまうのだ。ここにも、「余分なものはなく、また部品のひとつでも欠ければ機能しない」という、非常に高い完成度が見られる。この高い完成度は、バクテリアのような単細胞生物から始めて、複雑な生命体である人間に至るまで、あらゆる生物のすべての部分に存在しているものだ。

人間の目ひとつをとってみても、われわれは、目という器官の高度な完成度に驚かされる。目は、見事なほどにカメラ的な構造を持っている。光は、目の瞳孔《どうこう》を通して入り、水晶体《すいしょうたい》と呼ばれるレンズを通して、目の内部の透き通ったガラス体をおおう網膜《もうまく》上に像を形成する。それを視神経が感知して脳に伝える。

まるでカメラの構造と同じだ。しかも、カメラの絞《しぼ》りにあたる機能や、レンズの厚みを調整できる機能までついている。もっとも、カメラは人間の目を参考にして作られたものだ。

しかし人間の目は、両眼を通して立体的にものを見るための距離感が得られるのに対し、人間の作ったカメラは、なかなかそこまではいかない。

さらに、人間の脳は、目を通して入ってきた光景をどう認識しているのか。光が目の感光細胞にあたると、それはある分子に吸収され、そこにつながったタンパク質が変化する。するとそれは、生化学者が「カスケード」と呼ぶものを始動させる。

カスケードとは、精密に統制《とうせい》された一連の分子の反応である。それが神経インパルス（電気信号）を、脳に伝える。もしカスケードのどの分子でも欠けていたり、欠陥《けっかん》があったりすれば、神経インパルスはまったく伝わらない。その人は盲目となってしまうのだ。

このように、人間の目や、目で見た光景を脳に伝えるシステムは、驚くほど高性能で複雑精巧な機械構造を持っている。

生命体の「還元不能の複雑性」

このような例は、挙げはじめると、きりがない。生物の器官はすべて、複雑・高性能な機械構造を持っている。あなたの手も、足も、鼻も、口も、耳も、胃も、腸も、また鳥の翼《つばさ》にしても、魚のひれにしても、みな同様である。

鳥の翼は、空を飛ぶために、なぜあれほど航空力学を知り尽くしたかのように見事にできているのか。人類はいろいろ努力したが、1903年にライト兄弟が初めて飛行機を作るまでは、空を飛べなかった。

人類が知性の限りを尽くして、ようやく20世紀になって飛行機を作りだしたときの航空力学を、鳥の翼ははるか以前から知り尽くしていたのだ。もっとも、飛行機の翼は鳥の翼を真似《まね》たのだが。

また魚のヒレは、水中を泳ぐために、なぜあれほど水力学を知り尽くしたかのようによくできているのか。生物の何をとってみても、目的と機能を果たすために見事に「デザインされた」完成品ばかりである。

ベーエは、これを「還元《かんげん》不能《ふのう》の複雑性」と呼んだ。これは「これ以上簡略化《かんりゃくか》（還元）できない複雑性」をさす。つまり余分なものはなく、また、どの部品が欠けても機能を果たさなくなってしまう形で存在している、完成品のことである。

例を挙げて、もう少し説明しよう。たとえば、人間という知的存在者が作った道具のひとつに、「ねずみ捕《と》り器《き》」がある。これも、これ以上簡略化できない完成品である。

ネズミ捕り器は、①土台となる木製の板、②ネズミをはさむ金属のハンマー、③ハンマーを押さえるバネ、④触れるとバネの外れる引き金、⑤引き金とハンマーをつなぐ金属棒、という5つの部品から成っている。

もちろん、もっと部品数の少ないものにできないことはないかもしれないが、これは必要最小限な部品から構成された道具のひとつだ。そして部品のうち、もしひとつでも欠ければ、ネズミ捕り器は使い物にならない。

これ以上シンプルな形はないだろうし、その構造と機能を見れば、だれでもそれを「知的デザイン」の結果と考えるだろう。つまり、明確な目的と機能を果たすために、必要十分な部品をうまく組み合わせて作られたものである。

このように、ネズミ捕り器は、「これ以上簡略化できない複雑性＝還元不能の複雑性」をもった完成品である。人間が作ったあらゆる道具はそうである。

実はそれ以上に、自然界においてはバクテリアの鞭毛も、血液凝固システムも、そのほか生命のすべてのシステムも、非常に精巧に作られた、「これ以上簡略化できない複雑性」を持った完成品ばかりなのである。

そして「これ以上簡略化できない複雑性」は、知的デザインの結果としか考えられない。ベーエはこう述べている。

「細胞には、単純化できない恐ろしいほどの複雑さがあった。その結果、生命はある知性によってデザインされたという認識が生まれた。そして、生命は単純な自然法則の結果だと考えることに馴《な》らされてきた20世紀の私たちに、ショックを与えた」

「インテリジェント・デザインという結論は、科学データそのものから自然に出てきたもので

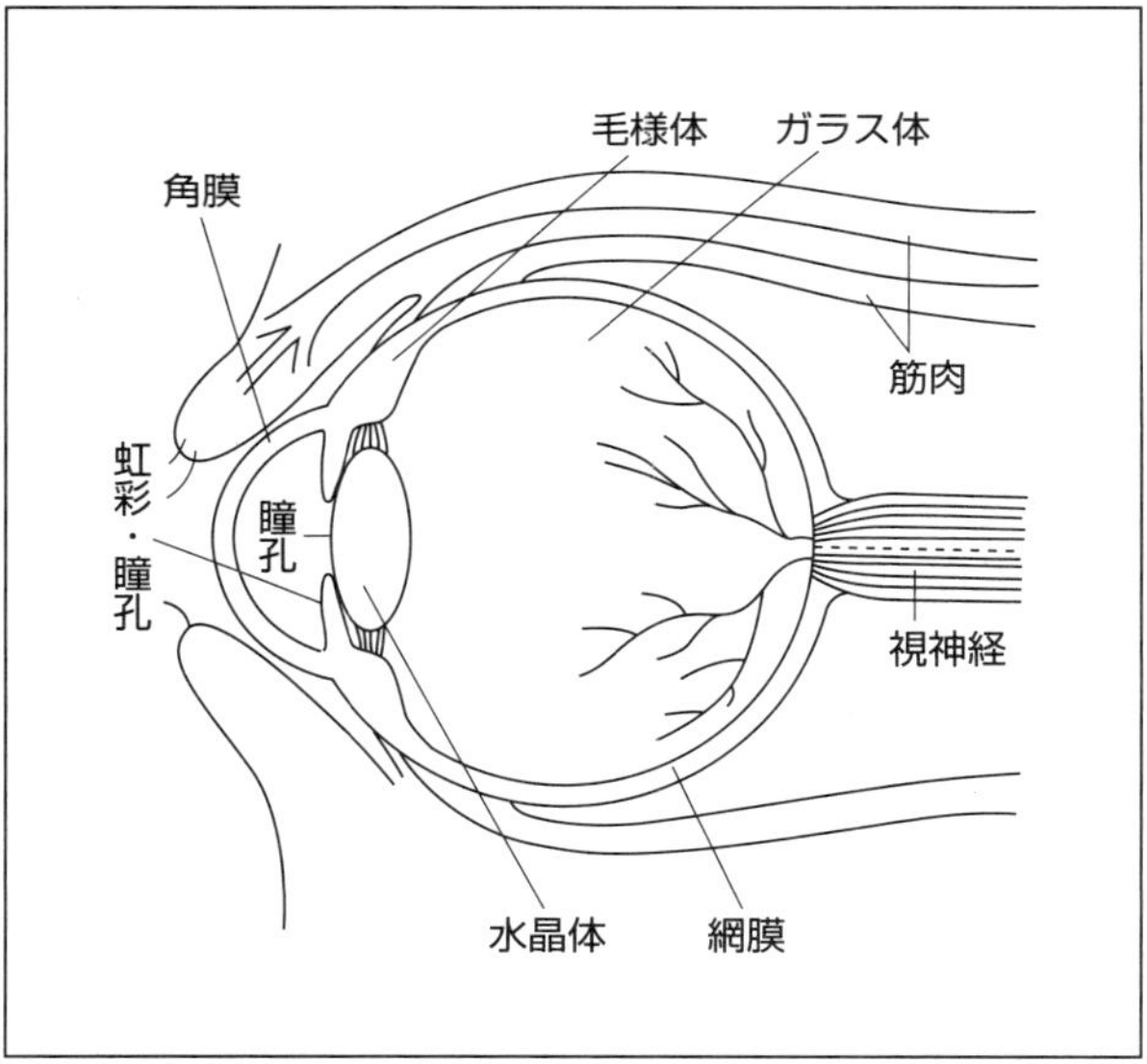

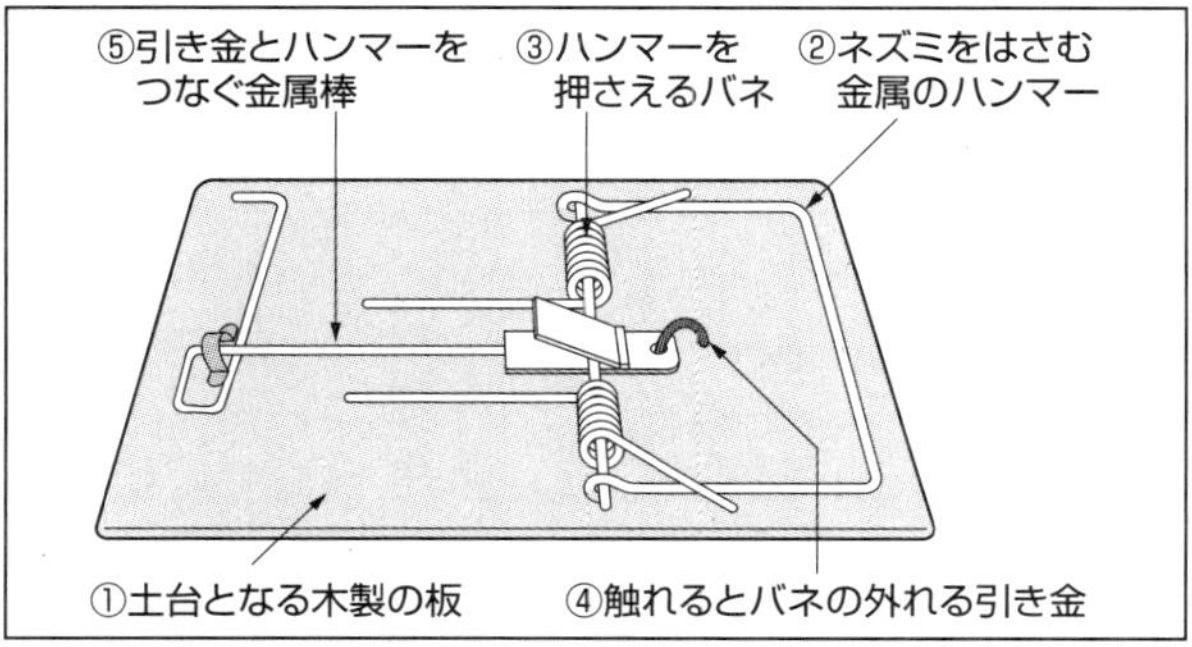

⬆（上）眼球の図。眼球は見事な精密《せいみつ》完成品で、これを知的デザインなしにできたと考えることは難しい。（下）ネズミ取り器は、シンプルな部品から成り、どの部品が欠けても用をなさない完成品である。

あって、聖典《せいてん》とか宗派的信仰から来たものではない。生化学的システムを知的主体（intelligent agent）のデザインによるものと推論することは、何ら新しい論理や新しい科学原理を必要としない、当たり前の筋道である」

インテリジェント・デザイン論は宗教ではない

一方、米国カリフォルニア州立大学バークレー校の物理学者で、情報理論家でもあるヒューバート・ヨッキーも、「生命が始まるのに必要な情報は偶然に発生したはずはない」と論じ、生命を、「物質やエネルギーと同様に所与《しょよ》のものだと考えてはどうか」と提案している。それは与えられたもの、授けられたものであり、知的にデザインされたものと考えるのである。

インテリジェント・デザイン論者は、この「生命が始まるのに必要な情報を与えた者」「生命を与えた者」「生命体をデザインした者」を、「インテリジェント・デザイナー」＝「知的デザイナー」「知的設計者」と呼ぶ。

ある人は、この「知的デザイナー」を「神」と呼びたがるかもしれないし、「創造主」「創造者」と呼びたがるかもしれない。だがインテリジェント・デザイン論に立つ科学者たちは、「神」という言葉も、「創造主」「創造者」という言葉も使わない。あえて、そうした言葉を避けるのである。

なぜなら、知的デザイナーの正体が何であるか、何者であるかは、われわれ人間の限られた知性や科学では知りようがないからだ。知的デザイナーの性質も特定しようがない。だから、あえて宗教的な言葉は使わず、単に「知的存在」「知的設計者」「知的デザイナー」という言葉を使う。

また彼らは、「サムシンググレート」つまり「偉大なる何か」という言葉も使うことがもある。われわれの知性をはるかに越えた「偉大なる何か」が、この宇宙と、すべての生物を設計し、生みだしたという考え方である。

そうしたあいまいな言葉で、この知的デザイナーを呼ぶことはあるが、ともかくインテリジェント・デザイン論は、あえて宗教の領域にまでは踏みこまず、科学の言葉だけで生物界の事象を説明しようとするものである。だから『聖書』も用いない。。

つまりこの理論は、キリスト教でもイスラム教でもユダヤ教でも、仏教でも神道でもないのだ。いかなる既存の宗教にも属さず、純粋に科学の立場から生物の成り立ちをもう一度見直そう、という動きなのである。

もっと踏みこんでいうなら、たとえインテリジェント・デザイン論を通して知的デザイナーの存在を認めるようになったとしても、必ずしも「神に従う信者となる必要はない」という。

つまり信仰心を持つ、持たないに関係なく、自然界を観察すれば知的デザイナーの存在は明らかに認められる、というのがインテリジェント・デザイン論者たちの主張だ。

そこまでは純粋な科学的推論としていえるし、そこまでが科学であるが、もしそれ以上いうなら宗教となってしまうので、それ以上はいわない。これがインテリジェント・デザイン論の考えである。

このようにこの理論は、何かの宗教を強制するものではない。どの宗教に属していてもいいし、また無宗教でもいい。インテリジェント・デザイン論は、宗教まではいかないが、宗教の一歩手前までいく科学である。それは科学と宗教の隔《へだ》たりを埋めるもの、橋渡しをするものだ、と考える人々もいる。

第2章 生命体はデザインされている

爆発的に増加するインテリジェント・デザイン論者たち

「インテリジェント・デザイン＝知的デザイン」という考え方は、つい最近出てきたものではない。初歩的な形態《けいたい》としては、古くはソクラテスやプラトンにまでさかのぼる。けれども、現代のインテリジェント・デザイン論は、哲学者ではなく、科学の最先端《さいせんたん》分野にたずさわっている優秀な科学者たちが唱《とな》えている、というところに大きな意義がある。

科学界に起こった数々の新発見により、生物がいかに機能しているかについて分子レベルでの驚《おどろ》くべき機械構造がわかってくると、とたんに数多くの科学者たちが唱えはじめたのである。つまり近年の科学上の諸発見と、この理論の拡大は連動している。

インテリジェント・デザイン論ムーブメントにとって大きな転機となったのは、1996年11月、米国ロサンゼルス郊外のバイオラ大学で行われた学術会議であった。

そこに予想を超えて数多くの人々が集《つど》い、200名ほどの科学者や、さまざまな分野の人々が集まったのだ。生物学、化学、物理学、古生物学、天文学、数学などをはじめ、言語学、哲学、神学、ジャーナリズム、教育管理、慈善《じぜん》団体など多方面の人々である。

ほとんどが初対面の人々であったという。それは「反ダーウィニズム」の集会となった。会議の主題は「創造の要諦《ようてい》（Mere Creation）」という。それは、インテリジェント・デザイン論者が一同に集い、今後のことを話し合った歴史上記念すべき集会であったとされている。会議の興奮《こうふん》した様子は、「Mere Creation」のホームページにおいても、また会議に関してまとめられたウィリアム・デムスキー博士編の論文集などを見ても、うかがい知れる。

会議の内容は以後、多くのアメリカ人やヨーロッパ人の心をとらえるようになった。実際それは、インターネット上の「Intelligent Design」という用語の検索ヒット件数が爆発的に増加するようになったことからも知れる。

これについて、京都大学の渡辺久義名誉《めいよ》教授はこう述べている。

「インテリジェント・デザイン論は、科学の唯物論的前提《ゆいぶつろんてきぜんてい》に見切りをつけようという、いわば科学革命運動である。しかし同時に、それは科学を超えて文化そのものの唯物論的前提を揺《ゆ》り動かす、という意味において、正真正銘《しょうしんしょうめい》の『文化大革命』と呼ぶべきものである」

この渡辺教授は、インテリジェント・デザイン派の生物学者ジョナサン・ウェルズ著『進化のイコン――破綻《はたん》する進化論教育』を監訳《かんやく》して出版するなど、インテリジェント・デザイン論を精力的に日本に紹介してきた人である。インテリジェント・デザイン論は科学と文化に巨大な革命をもたらすものであると、教授はいう。

もちろん、世間ではまだ反対は根強い。しかし科学が発展すればするほど、また生命のことが詳《くわ》しくわかればわかるほど、人は結局「知的デザイン」を認めざるを得なくなる、というのがインテリジェント・デザイン論者たちの考えだ。

DNAと知的デザイン

生科学者たちは20世紀後半になって、遺伝子《いでんし》であるDNA（デオキシリボ核酸）の秘密を解き明かしはじめた。細胞《さいぼう》のなかには、「染色体《せんしょくたい》」というものがあるが、その染色体のなかに、非常に小さな遺伝子＝DNAが入っている。

それは「二重らせん」の形に組みあわさった分子からなる、一種の「記録テープ」である。非常に細長いテープのような形で存在し、それが小さな小さな染色体のなかに、折りたたまれて納《おさ》められている。DNAには、生命体を成り立たせているすべての遺伝情報が入っている。

つまりDNAは、両親から子供が生まれたとき、生命体のすべての情報を次世代に伝える力を持っている。それは百科事典1億ページ分にも相当するといわれる巨大な情報量である。DNAがあるがゆえに、親から子へ、子から孫へ、生命が存続していく。

ヒトからサルが生まれることはなく、サルからヒトが生まれることもない。ネコからイヌが生まれることもないし、イヌからネコが生まれることもない。それは遺伝子であるDNAが正確に生命体の情報を次世代に伝えるからである。

科学者たちは、DNAは比類《ひるい》なく発達したナノテクノロジー（微細《びさい》技術）を含む、精巧《せいこう》な情報処理システムの一部であることを発見した。そこには、現代の最先端のコンピューター技術以上の精巧な技術が使われているのだ。

DNA情報のうち、どれが欠けても、正常で健康な子供は生まれない。ひとつが欠けてもだめで、一方、余分なものも一切ない。こうした発見を受け、英国オックスフォードのマートン大学の化学者また哲学者のマイケル・ポラーニは、1967年に、「生命体の機械構造は還元《かんげん》不能に見える」と述べた。つまり、生命は「これ以上簡略化《かんりゃくか》できない高度な複雑性」をもった完成品だ、ということである。

「簡略化できない」「還元できない」とは、「徐々に進化してそのようなものが生まれた」という進化論の考えを排除《はいじょ》するものである。つまり、行き当たりばったりの中途半端《ちゅうとはんぱ》な状態で誕生しても、生命体は生きることができないのだ。

生まれた当初から過不足のない整った完成品でなければ、生命体は生きることができない。これについて例を挙げて、もう少し踏みこんで考えてみよう。

ここに一台のコンピューターがあったとする。いちおう、機械としてはきちんと動くものだ。ハードウェア(機械)としては良好である。ところが、そのコンピューターには、ウィンドウズやマックなどのOSも入っていなければ、インターネットのソフトも、ワープロソフトも、メールソフトも入っていない。

つまりソフトウェア（プログラム）が何も入っていない。そうしたら、たとえコンピューターがあっても、ソフトを入れない限り、それは何の役にも立たないだろう。必要なものはきちんとすべて入った完成品でなければ、使いものにならないのだ。たとえ、そのコンピューターをいろいろな色に塗ったり、飾りをつけていくら見栄えをよくしても、無用の長物である。

それと同様で、生命は細胞内にDNAというソフトをきちんと持っているからこそ、初めの1個の受精卵から次第に成長し、赤ん坊から大人になり、また結婚して子供を残すだけの肉体を持つことができる。

もしDNAという高度な情報処理システムを持たなければ、生命体は誕生できないばかりか、成長も、存続もできない。

また中途半端な未完成のDNAや、不良品のDNAを持っていても、何の役にもたたない。このように、生命体は初めから過不足のない良質な完成品であって初めて、存在することができる。これが、「生命体は、これ以上簡略化（還元）できない高度な複雑性を持った完成品だ」という意味である。一瞬たりとも、過不足や不良があってはいけないのだ。

人間は偶然の結果か、知的デザインの結果か

これに関連して、かつて進化論の始祖《しそ》チャールズ・ダーウィンは、その著『種の起源』のな

かでこう書いている。

「多くの、連続的な、わずかの変化によって形成されたはずのない、何かの複雑な器官が存在することが証明されたならば、私の理論は完全に崩壊するだろう」

つまり、徐々に形成されたのではない、そして「これ以上簡略化できない（還元不能の）複雑性」を持つ器官がもし存在するなら、進化論は崩壊するだろうと、ダーウィン自身が述べていたのである。

これを受けてマイケル・ベーエは、こう書いている。

「どのような生物学的システムが、『多くの、連続的な、わずかの変化によって形成されたはずのない』ものであろうか。それはまず初めに、『還元不能に複雑なシステム』であろう。ここで『還元不能に複雑な』と私がいうものとは、いくつかのうまく適合して互いに作用し、全体の基本的な機能に貢献《こうけん》する部品からなる単一のシステムのことで、それら部品のどのひとつが欠けても、そのシステムが効果的に機能しなくなるもののことである」

このような「還元不能に複雑な」器官として、われわれはこれまで、細菌の鞭毛《べんもう》、血液の凝《ぎょう》固《こ》システム、光景を感知・理解する目のシステム、DNAなどの例を見てきた。ほかにも例を挙げれば、数限りなく存在する。

生物界のシステムがより詳しくわかるにつれ、このように今や進化論は崩壊《ほうかい》へと追いやられているのである。

進化論の始祖《しそ》ダーウィンについてもう少し見てみよう。彼はもともと無神論者だったわけではない。また唯物論者《ゆいぶつろんじゃ》だったわけでもない。なぜなら彼は『種の起源』第2版において、「生命は、初め創造者によって、いくつか、あるいはひとつの形態のなかに吹きこまれた」と書いたからだ。彼は「創造者」という言葉を使った。ところが、やがて進化論は学会で支持され、とりわけ無神論者から熱狂的に歓迎されるようになった。するとダーウィンは、この言葉はまずいと思ったのだろう、その後の版でこの言葉を削除《さくじょ》してしまったのである。

ダーウィンはまた、自然界の「デザイン」については、こう述べた。

「生物の多様性や自然選択の作用にデザインがないのは、風の吹く方向にデザインがないのと同じことに思えます。…（中略）…私は、この宇宙を盲目的な偶然の結果と見ることはできません。しかし私は、その細部においては善意あるもののデザイン、また、いかなる種類のデザインの証拠も見ることはできません」

これが進化論のもととなった考えである。そののち、ダーウィンの進化論を信奉《しんぽう》した古生物学者ジョージ・ゲイロード・シンプソンも、こう書いた。

「人間は、目的のない、自然の過程の結果である。人間は計画されたものではない」

ヒトにもデザインはないというのが、このように進化論者たちの考え方であった。これについては、進化論者にして分子生物学者のジャック・モノーも「人間は自分が単なる偶然であることを理解しなければならない」と述べている。けれども、われわれがこれまで見てきたように、これらは進化論者の知識が、きわめて限られていたからにすぎなかったのである。その後の科学の発達により、生物界には知的デザインが満ちていることが、火を見るより明らかになったのだ。

DNAは知的デザインの産物

DNAの話が出たので、もう少し、この驚くべき遺伝子の正体を探ってみよう。

読者は、今この本を読んでいる。本は文字の配列《はいれつ》からなっている。日本語の本ならば漢字やひらがな、カタカナで、また英語の本ならアルファベットで書かれている。これらの文字が、どういう順番で、どう並んでいるかということによって、意味と情報を伝える文章となっているわけだ。

実はDNAも、同様である。DNAでは、文字の代わりにヌクレオチドと呼ばれる特殊な分子の配列によって、遺伝情報を伝えている。ヌクレオチドは核酸《かくさん》とも呼ばれ、ヌクレオシドと呼ばれる糖《とう》に、リン酸が結合したものである。

それはDNAの構成単位として、遺伝情報を保ち、またその情報を発現させるなど、重要な機能を担っている。このヌクレオチドの配列の仕方が、一種の記号となって情報を伝えているわけだ。

これについて、ヒューバート・ヨッキー博士は、その論文のなかで、DNAのヌクレオチド配列と、本の文字配列との間には「構造の同一性がある」、と述べている。

さらに、彼のこの論文を読んで影響を受けた「思想と倫理《りんり》財団」の学術編集者チャールズ・サックストン博士は、こう書いている。

「私が、それをいかにして知性（インテリジェンス）に結びつけるかを知ったのは、ヒューバート・ヨッキーの1981年の論文に、DNAのヌクレオチド配列と本の文字配列の間には構造の同一性がある、と書かれている記事を読んだときでした。…（中略）…このふたつが単なる類比《るいひ》ではなく、扱いが数学的に同一である、ということがわかるや否《いな》や、私は自分にいったのです。『そうか、もし扱いが数学的に同じであり、文字配列が知性によって生ずることがわかっているとすれば、ヌクレオチドを配列するのも知性だといって問題はないことになる！』」

こうしてサックストン博士も、「インテリジェント・デザイン」という言葉を好んで用いるようになった。この言葉は、宗教の領域にまで踏みいることなく、科学の言葉だけで生命の成り立ちをうまく説明できるからである。

このように分子生物学、生化学などによって、生命を成り立たせている微細《びさい》な分子の働きな

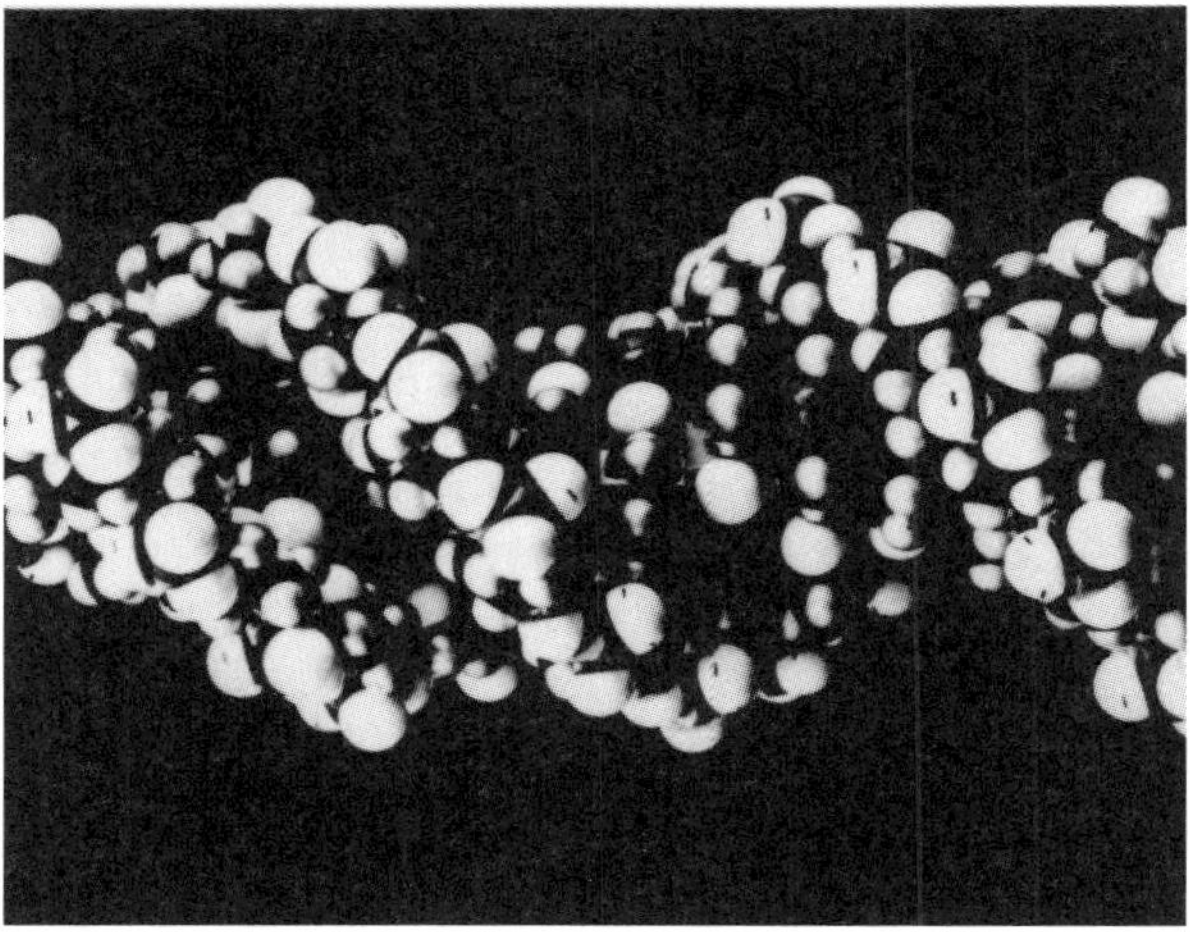

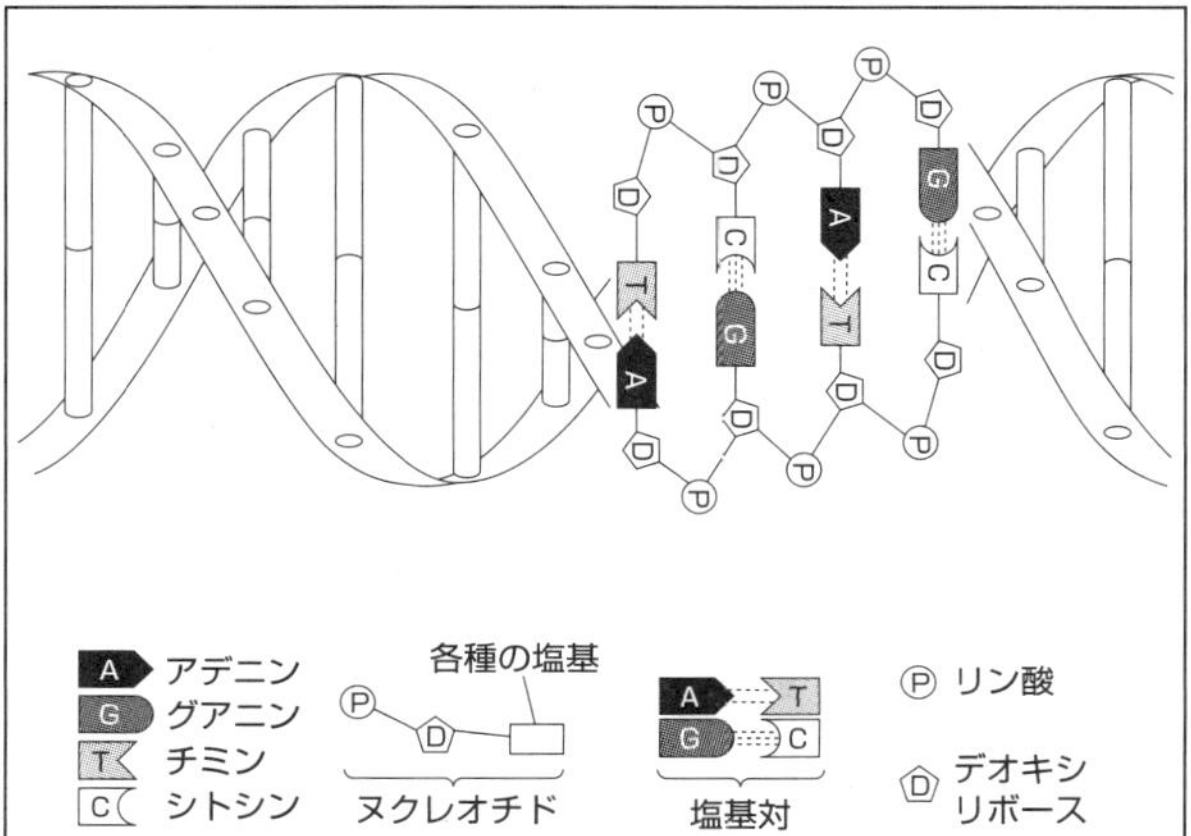

⬆（上）DNAモデル。DNAは、二重らせんの形をした一種の細長い記録テープのようなものだ。（下）そこには4つの化学物質による組み合わせで、すべての生命体の遺伝《いでん》情報が記されている。

どがより明らかになるにつれ、インテリジェント・デザイン論を唱える科学者たちが急増するようになったのである。

生物をよく知れば知るほど、そこに知的デザインがあったことを、もはや何とも否定できなくなってしまったのだ。サックストン教授は、こう書いている。

「DNAはその始まりにおいて、知的な原因を持っていたといってよいのではないだろうか」

知的デザインを確信した科学者たち

われわれは、DNAについて考えるのに、本の文字配列を例にしてみた。しかし、これはコンピューター言語を例にしてみても同様である。いや、そのほうがもっとわかりやすいかもしれない。

コンピューターのソフトウェアは、ご存じのように2進法（0または1）の言語を用いて書かれている。われわれが使っている10進法の数字も、漢字も、ひらがな、カタカナ、英文字も、すべてコンピューターにおいては2進法の言語に置き換えられ、変換されて処理されている。だからどんな文字も、コンピューターにおいては、0と1の配列で表された数字なのである。そして、すべての情報は数学的に処理される。

DNAのヌクレオチドの配列もこれとまったく同様で、同じく数学的に処理される。

るのだ。
このように生命体のさまざまな現象も、一種の精巧な「機械」の原理と同じように理解される
以前は、このように生命体と機械を同じように考えることは、科学者の間では避けられていたことである。「生命体と機械を類推《るいすい》して考えるなんてできない」という思いが主流だったからだ。
ところがここ何十年かの間に、分子生物学や、コンピューター工学、サイバネティックス（人工頭脳学、自動制御学）などが、大きな進歩を遂げた。すると、生命体の諸現象も、われわれ人間が作った機械と非常に似た原理に基づいていることが、白日のもとにさらされるようになったのである。
その結果、「生命体は諸分子から構成された一種の精巧な機械である」という説明が、非常に説得力を持つようになった。機械ならば、知的デザインの結果である。こうして今や多くの科学者たちが、「生命体を成り立たせているのは知的デザインである」というようになってきた。
たとえば米国ディスカバリー研究所の創立者のひとりで、地質学者で科学哲学者でもあるスティーブン・マイヤー博士も、DNA分子についてこう述べる
「そのような高度な分子を作りだすことのできる、現在知られている唯一の原因は知的デザイ

ンだけである。過去においても、あるインテリジェンスが何らかの仕方で働いて、現存するような情報量、豊かな配列を、生きた細胞のなかに作りだしたと推論するのは、道理にかなったことだ」

米国サンフランシスコ州立大学の著名な生物学教授ディーン・ケニヨンも、こう書いている。

「生物はインテリジェント・デザインの産物だ、というわれわれの見方と研究結果を支持するものとして、多岐《たき》にわたり、強力な一貫性のある証拠が存在する」

一方、英国の高名な宇宙学者フレッド・ホイル教授は、宇宙の起源に関する「ビッグバン」の命名者としても有名な人だが、彼もこう述べている。

「学会の怒りを恐れることなく真実をいわせてもらうなら、高度な秩序《ちつじょ》を持った驚くべき生命物質は、インテリジェント・デザインの結果でなければならない、という結論に到達する」

いずれも、きわめてはっきりと、自然界における知的デザインの存在を確信した科学者たちの言葉なのである。

唯物論からの脱却

こうして知的デザインの理論が発達し、支持者が増えるとともに、科学者たちの間には大きな意識の変化が表れるようになった。たとえば、先に引用したディーン・ケニヨン教授は、こう述べる。

「私は、生命の起源に関する実験を調べているうちに、科学的唯物論から離れるようになっていきました」

単に彼だけではなく、今日では多くの科学者たちの間に、「唯物論（すべてを物質の働きとして説明する考え方）」から離れる動きが広まっている。

科学を研究すればするほど、唯物論では世界をうまく説明できないことが、ますます明らかになってきたのだ。「自然淘汰《しぜんとうた》」と、偶然の「突然変異《とつぜんへんい》」だけで説明するダーウィン流の進化論では、生命の成り立ちを、もはや説明できないのである。

生命は「知的デザイン」という考え方抜きには、その成り立ちを説明することは不可能となっている。インテリジェント・デザイン論はこのように、「唯物論からの脱却《だっきゃく》」という方向性を持った科学理論として登場しているのだ。これは今や、科学界に大きな意識改革をもたらしている。

その動きは、さらに教育界にも大きく波及《はきゅう》しはじめている。たとえば２００４年に、米国ペンシルヴァニア州ドーヴァーの教育委員会は、高校の生物学教師らすべてに対し、次のように説明して進化論の授業を始めるよう通告した。

「ダーウィン進化論は理論であって事実ではない。この理論には欠陥《けっかん》（gaps）が存在する」

教育委員会はまた、進化論に対する代替案《だいたいあん》として、インテリジェント・デザイン論を教えるようにも勧告した。ジョージア州コブ郡の教育委員会も、理科の教科書に、「進化は理論であって事実ではない」というステッカーを貼《は》った。

こうした動きに関連して当時の米国大統領ジョージ・W・ブッシュも、2005年8月、記者団の質問に答えてこう語った。

「公立学校では、インテリジェント・デザイン論を、進化論とともに教えるべきだ。なぜなら、異なった説をふたつ提示し、どちらの説が正しいかを生徒たち自身に考えさせることは、教育の重要な役割だからだ」

ブッシュ元大統領は、インテリジェント・デザイン論支持派なのである。彼は、ダーウィン進化論を信じていない。彼はむしろ宇宙の創造者を信じている。だから、学校では無神論的な進化論を一方的に教えるのではなく、科学的に「知的デザイナー」を肯定するインテリジェント・デザイン論も教えて、はたして両者のどちらが正しいか、生徒たち自身に判断させるべきだと述べたわけだ。

これは、日本では小さな記事で報道されただけである。日本では「アメリカでは、ずいぶん変わったことをやっているな」ぐらいにしか思われていないかもしれない。だが、大統領の発言を受け、アメリカでは全土で大論争となった。

単なる教育現場を乗り越え、生物学、物理学、天文学、情報理論、生化学、遺伝学、歴史学、哲学、倫理学、憲法学、宗教学、その他様々な分野の専門家が、賛成派・反対派に分かれて意見を述べあったのだ。

そして今日も、侃々諤々《かんかんがくがく》の議論が続いている。

はたして生命は、偶然の積み重ねによる「盲目的進化《もうもくてきしんか》」によって生まれたのか、それとも、「知的デザイン」によって生まれたのか。

⬆ID理論の重要性を説いた米国元大統領ジョージ・ブッシュ（写真＝共同通信）。

これは単に科学上の問題というだけでなく、「人間はどこからきたのか」「われわれはどこから来たのか」「私はどこからきたのか」という、人間のアイデンティティ（何者か）にもかかわる重要な問題なのである。

自分の先祖を、サルや、サルに似た動物、あるいはもっと前はアメーバのような生物だったと考えるのか、それとも知的デザインの結果として、目的を持って誕生したのか。これは人生観にも大きな違いをもたらすだろう。

だから読者も、「学校で教えられたから」「日本のアカデミズムがそうだから」「みな信じているのだから進化論が正しいのだろう」と、やみくもに信じるのではなく、自ら両方の説をよく吟味《ぎんみ》して、何が正しいのかを自分で判断していただきたい。

それが本当の学問というものである。

筆者も、学生時代はダーウィンの進化論を教えこまれてきた人間である。だが、高校のときの生物学の先生は、その授業で進化論を教えてはいたものの、いつも最後には、

「いいかい、なぜ、またどうやって無生物から生物が生まれたかは、まったくわかっていないのだよ」

と繰り返していた。その言葉に、筆者は真摯《しんし》な学問的態度を感じとったものだ。われわれも、教えられたから進化論が正しいのだ、と信じるのではなく、本当は何が正しいのか自分で判断する力を持たなければならない。

必然か、偶然か、デザインか

今日、科学者たちはもはや、「無生物から生物がいかにして生まれたかはわからない」というのではなく、むしろ堂々と、「そこには知的デザインがあった」というようになった。それが、今や多くの科学者たちが唱えはじめた「インテリジェント・デザイン論」である。

⬆（上）インテリジェント・デザイン論を学校で教えるように促《うなが》すデンバーの看板。（下）高校の授業でインテリジェント・デザイン論を教えるよう決議したオハイオ州教育議会（写真＝AP images）。

一流の数学者にして哲学者のウィリアム・デムスキー博士（元・米国ベイラー大学教授）も、インテリジェント・デザイン論者として有名な人である。彼は自然界には、

①「必然」つまり物理的・化学的法則の結果として起こるもの
②「偶然」によるもの
③「デザイン」＝構想・設計・立案・意図《いと》によるもの

の3種類があると説く。

これまでの科学は、「必然（法則性）」と、「偶然」しか扱ってこなかった。しかしそれでは不十分なのだと、デムスキー博士はいう。彼は、自然界にはそれ以外に「デザイン」されたものがあると主張する。

そして、「デザイン」であるか否《いな》かを見分ける目安となるのは、「特定された複雑性」だという。つまり、いかなる物理的・化学的法則の結果（必然）でもなく、また偶然の結果でもないような「特定された複雑性」が存在するなら、それはデザインされたものである。

例を挙げれば、野原に一台の車が、雨ざらしになって放置《ほうち》されているとしよう。雨や風にあたって、車のボディーにはサビが生じ、ボロボロになっている。そうやって時間が経つとともにボロボロになっていくのは、いわゆる「エントロピーの法則（時間とともに無秩序《むちつじょ》が増していく）」の結果である。これは物理法則によるものであり、必然的結果だ。

一方、車のボディーのサビの模様《もよう》、図柄《ずがら》は、いろいろだから、これは偶然の結果であろう。しかし、車がエンジンという動力部を持ち、ブレーキなどの車を止める機能や、ハンドルをはじめとする車の進行方向を変える機能を持っていることは、デザインの結果であろう。これらの機能は、いかなる物理的・化学的法則の自然な結果ではなく、また偶然の結果でもなく、特定・特殊な複雑性を持っているからだ。

同様に、われわれが自然界、生物界などを見て、いかなる物理的・化学的法則の自然な結果でもなく、また偶然の結果でもない「特定の複雑性」が存在するのを見るなら、それはデザインの結果だと結論づけていい。

たとえば、先にわれわれは、バクテリアの鞭毛《べんもう》が根もとのモーターによってプロペラのように回転して、バクテリアに推進力を与える事実を見た。この鞭毛の機械構造は、物理的・化学的法則の自然な結果として生まれたものとは考えられない。

例として、水素原子ふたつと酸素原子ひとつが結合すると、水になる。それは物質固有の性質によるものであり、物理的・化学的法則に基づいている。しかし鞭毛の機械構造は、このような物質同士が自らの性質によって結合し新しい物質を作る化学反応によってできたものではあり得ない。すなわちこの機械構造は、法則によって必然的に生じたものではない。

またこの機械構造は、偶然によっても生まれない。タンパク質の部品が偶然造られ、それが偶然寄り集まって鞭毛のモーター装置ができる確率は、事実上ゼロであろう。そうであれば、この機械構造は、特定の複雑性を持つものであり、デザインの結果と結論づけることができる。

こうした生命の機械構造は、あらゆるところに見られる。われわれ人間の肉体を見てみても、食べたものを消化する胃や腸《ちょう》などの消化器官、運動をするための手足・筋肉などの運動器官、外界を認知《にんち》する目・耳、鼻その他の感覚器官、肺などの呼吸器官、子孫を残すための生殖《せいしょく》器官、脳の指令を全身に伝える神経網《もう》、そのほか、それぞれに役割を与えられた多くの器官からなっている。

人間の肉体も、機械構造を持っているのだ。こうした機械構造を、ひとりでに生みだすような物理的・化学的法則は存在しない。だからこれは物理的・化学的法則の結果ではないから、必然的なものではない。また偶然によっても、こうした器官や機械構造は生まれない。

そうであれば、これはデザインの結果なのである。このように、デザインされた生命体の機械構造は、バクテリアから人間に至るまで、あらゆる生物に存在している。

知的生命体からの信号

デムスキー博士は、こうした「デザイン」と「非デザイン」を見分ける作業は、実は犯罪捜査や考古学など、いろいろな場面で普通に行われていることだと述べる。

また彼は、その典型的なものは、カール・セーガン原作の小説また映画の『コンタクト』に出てくる「SETI（地球外生物探査計画）」が受信した宇宙からの電波信号だという。小説や映画では、この電波信号によって、地球外の知的生命体の存在が確認された、ということになっている。

もちろん現実のSETIでは、そんなことは起こっていない。だが、それはともかく彼らは一体どうやって、その電波信号を地球外生命体からのものだと判定したのか。電波信号は、0と1で表すと、次のようになっていたのだ。

110111011111110111110111111111110……

実際は、もっと長々と続いている。読者は、これを意味のある信号ととるか、それとも意味のない偶然の信号ととるか。

一見、意味のないものに見える。偶然できた信号のように見えるかもしれない。しかし、科学者たちはこれを検討《けんとう》した結果、そこに意味を見出したのだ。

これは偶然の結果ではなかった。というのは、0を休止と解釈すると、まず1が2個続き、次に1が3個続き、次に5個続き、次に7個続き、次に11個続き……というようになっている。これら2、3、5、7、11……は、すべて「素数《そすう》」なのである。

素数とは、自分自身と1以外では割れない数をいう。11以降も、ずっと素数ばかりが続いていた。それでこれを、知性を持つ何者かが意図的《いとてき》に発した信号と解したのだ。これは「特定された複雑性」を持つものだから、デザインされた信号と理解したわけである。

なぜなら、こんな配列を起こすような自然現象は存在しない。たとえば、パルサー（周期的に可視光線《かし》や、X線、電波などを発生する）のような天体であっても、このような素数に基づいた信号は発していない。

映画のなかでは、これは物理的・化学的法則による必然ではなく、また偶然でもないから、地球外の知的生命体からの信号であると理解したわけである。そうであれば、これとまったく同じ理由で、生物の細胞内DNAの塩基配列《えんきはいれつ》による遺伝情報が、知的デザイナーによるものであると判定するのは当然のことなのだ。

DNAにおいては、アデニン（A）、チミン（T）、グアニン（G）、シトシン（C）の4つの「塩基（酸と対になって働く物質）」の配列の仕方により、それが一種の文字となり、またそれらの文字が本の文章のように長々とつながって、生命体のすべての遺伝情報となっている。その情報をもとに、複雑・高度な生命体が作りあげられる。

こうしたDNAの遺伝情報は、実在するいかなる物理的・化学的法則からも自然に生じるものではない。つまり必然ではない。また偶然によるものでもない。だから、それは知的生命体からのものであると断言できる。

このように、宇宙からの電波信号が知的生命体からのものであるか否か、またDNAの遺伝情報が知的デザイナーによるものであるか否か、それらを判定するにはまったく同じ方法が適用されるわけである。

DNAに納められたすべての遺伝情報は、必然でも偶然でもなく、明らかにデザインされたものなのだ。これについて、ヒト・レニン遺伝子の解読に世界に先駆《さきが》けて成功するなど、遺伝子工学の権威として世界的に有名な筑波《つくば》大学名誉《めいよ》教授・村上和雄博士は、こう述べている。

「ヒトのゲノム（全遺伝子情報）は、わずか4つの塩基で構成され、この塩基のペアが約30億個連《つら》なっている。もしもこの塩基の配列を偶然のものとするなら、私たちひとりひとりは、4の30億乗分の1という奇跡《きせき》的な確率で生まれてきたことになる。そのようなことは、今の科学の常識ではあり得ない。細胞1個が偶然にできる確率は、1億円の宝くじを100万回連続して当選したのと同じようなものである」

つまり、それをもし偶然と考えたら、あり得ない。一方それを、物理的・化学的法則が自然な形でもたらした結果（必然）と考えることもできない。そうであれば、残る結論は「デザインされたものだ」ということである。

村上教授も、こう結論している。

「私はこの事実を知ったとき、細胞の誕生や、その後の生物の進化が、単なる偶然だけでできあがったとはとうてい考えられなかった。そこには、サムシンググレート（偉大なる何か）としか呼べない、人知を超えた不思議な働きがあると悟《さと》った」

サムシンググレート

科学者たちはこのように、われわれの知性をはるかに超えた宇宙的実在をさして、「サムシンググレート」という言葉で呼ぶようになった。科学はこうして、もはや無神論的科学ではなく、一種の有神論的科学に変貌《へんぼう》しつつある。

くりかえすが、インテリジェント・デザイン論に立つ科学者たちは、「神」という言葉は使わないし、どの宗教を唱えるわけでもない。単に、サムシンググレート（偉大なる何か）とか、知的デザイナーという言葉を使うだけである。

では、彼らはこうした知的デザイナーの存在を証明したいがために、インテリジェント・デザイン論を唱えるようになったのかというと、決してそうではない。実際は逆だ。

世界と生命の成り立ちを詳しく研究していたら、その過程で知的デザインの存在、知的デザイナーの存在が発見され、その存在をどうにも否定できなくなってしまった、というのが実状である。

たとえば米国のシンクタンク「ディスカバリー研究所」の上級研究員として著名な分子生物

学者マイケル・デントンは、その著『進化＝危機にある理論』（1985年）のなかで、こう述べている。

「（知的デザインの）結論は、宗教的な意味合いを持つかもしれないが、宗教的前提から来るものではない」

つまり、宗教があってこの結論となったわけではなく、科学を研究していったらこの結論になった、ということである。ここに、インテリジェント・デザイン論の非常に重要な点がある。

それは、『聖書』を用いるわけではないし、また何かの宗教を唱えるわけでも、何かの宗教的前提に立つものでもない。

インテリジェント・デザイン論は、「科学上の思考だけを用いて、自然界の精巧かつ複雑な成り立ちを明らかにするとき、知的原因こそが自然界の起源を説き明かす最上の説明だ」とする理論なのである。そこまでは、科学の考え方だけで結論づけることができるからだ。しかしその「知的原因」を特定はしない。

なぜなら、知的原因がいったい何であるか、知的デザイナーとはいったいだれであるか、どのような者であるかという問題になると、科学の領域をはるかに越えたものになってしまうからである。だから、あえてそこまでは踏みこまない。

これはインテリジェント・デザイン論の「謙虚《けんきょ》さ」を表しているといってもよいだろう。わからないことは、わからないという。

例を挙げれば、太平洋にイースター島という小さな島があり、そこに「モアイ像」というものが建っているのは有名である。大きな顔をした人間の石像だ。けれども、いったいだれがそのモアイ像を作ったのかというと、だれも知らない。

作者はわからないが、しかしわれわれはそれを見て、モアイ像は明らかに「だれかが作った」ものであることを知っている。

作者が具体的にだれかわからなくても、科学においては、それが知性によってデザインされたものであることを述べれば十分なのである。

それと同様に、インテリジェント・デザイン論は、あくまでも科学的思考の帰結《きけつ》として、宇宙の背後に存在する知的デザイナーを指し示すのである。

それは科学理論が「予測」するものだ、といってもいい。

科学はこれまで理論によって多くの「予測」を行ってきた。たとえば、かつて日本人として初めてノーベル賞を受賞した湯川秀樹《ゆかわひでき》博士は、物質の原子核のなかには「中間子《ちゅうかんし》」というものが存在していることを、理論的に予測した。

実験ではまだ発見されていなかったが、科学理論の当然の帰結として、その存在を予測したのである。予測はのちに実験的に確かめられて、ノーベル賞につながった。

それと同様に、インテリジェント・デザイン論は、科学理論によって、自然界における「知的デザイナー」の存在を予測したものである。科学的思考を突きつめていくならば、自然界の成り立ちには知的デザインが存在したことを、認めざるを得ないのである。

第3章

宇宙と地球はデザイン設計されている

絶妙に微調整された宇宙

われわれはこれまで、生物に関するインテリジェント・デザイン論を見てきた。しかしこの理論は、単に生物に関するものだけではない。インテリジェント・デザイン論はさらに、宇宙や地球の成り立ちに関しても、同様に知的デザインがあったことを説く。

というのは科学の発達に伴い、宇宙の物理的・化学的法則や地球の状態は、生命がそこに誕生できるように、驚《おどろ》くほど精密《せいみつ》に「微調整《びちょうせい》(fine-tuning)」されていることがわかったのだ！

これは、たとえば「自然定数」というものに着目するとよくわかる。われわれの宇宙には、光速、電子の質量、重力定数、プランク定数といった、ある「決まった値《あたい》」がある。これが「なぜその値なのか」を考えると、それはあたかも、「人間をはじめとする知的生命を存在させるためにその値をとった」としか考えられないほど、絶妙にコントロールされ、微調整されているのだ。

たとえば京都大学の佐藤文隆教授によると、電子の質量が1パーセント違っただけでも、人間はできないという。1パーセント違ったっていいじゃないか、と思いたくなるが、たった1パーセントでもダメなのである。

それほどこの宇宙は、絶妙に微調整されて「知的生命のいる宇宙」となっている。

また、中性子《ちゅうせいし》（原子核の構成要素）の質量がわずかに0・1パーセント違っただけでも生命はできない、という研究結果が出ている。もしそれが0・1パーセント多ければ、宇宙のなかに生命が必要とする重元素《じゅうげんそ》（炭素、酸素、カルシウム、鉄など）が形成されない。反対に0・1パーセント少なければ、宇宙のすべての星は中性子星またはブラックホールになって、崩《くず》れてしまう。いずれにしても、生命は誕生し得ないのである。

原子核内の力――「核力」には、「強い力」と「弱い力」があることが知られている。もし「強い力」の定数が2パーセント違っただけでも生命はできない、という研究結果が出ている。「弱い力」もそうである。それが数パーセント違っただけでも、生命はできない。

そのほか重力定数、電磁力定数、光速等がほんの少し違っただけでも生命はできない、ということがわかっている。

一方、ヘリウム、ベリリウム、炭素、酸素などの核の基底状態のエネルギー・レベルも、驚くほど微調整されていることがわかった。それがわずか4パーセント違っただけでも、生命体に必要な炭素と酸素が生じ得ないことになるのである。

現在の宇宙は膨張《ぼうちょう》しつつあることが知られている。この膨張率も、絶妙にコントロールされている。それがもしほんのわずか――アラン・グス博士の計算によれば10の55乗分の1――大きければ、銀河系も星も形成されなかったであろうという。

反対に、同じ割合小さければ、太陽のような星が形成される前に宇宙が崩《くず》れ落ちてしまうシナリオになった。いずれにしてもそのような宇宙は、「知的生命のいる宇宙」とはならなかったであろう。

このように宇宙のどれをとっても、それが絶妙に微調整され、コントロールされている事実が浮かびあがってきた。つまり宇宙は細かい個々のこと、および総合的なことの両面において、非常に微妙なバランスのもとに造られている。

天文学者ヒュー・ロス博士は、宇宙の微調整の例として、重力定数、電磁気力《でんじきりょく》、宇宙の膨張率、強い核力、弱い核力、宇宙の密度、恒星間の平均距離など、30以上もの項目を挙げている。そしてある試算《しさん》によれば、これらの微調整された項目が偶然にそろう確率は、10の1230乗分の1だという。

事実上ゼロといっていいものだ。つまり、宇宙のこれらの微調整の数々が単なる偶然の産物であることは、あり得ない。これについては、世界最高の知性とも謳《うた》われる理論物理学者スティーブン・ホーキング博士も、こう述べている。

「初期の宇宙の膨張の速さも、考えられないほど精密に微調整されていなければならないことがわかっています。…（中略）…私たちのような生命を意図《いと》して創りだした神の行為《こうい》でもない限り、どうして宇宙がこのようにあり得ないような微調整をされた条件で始まったのかを説明す

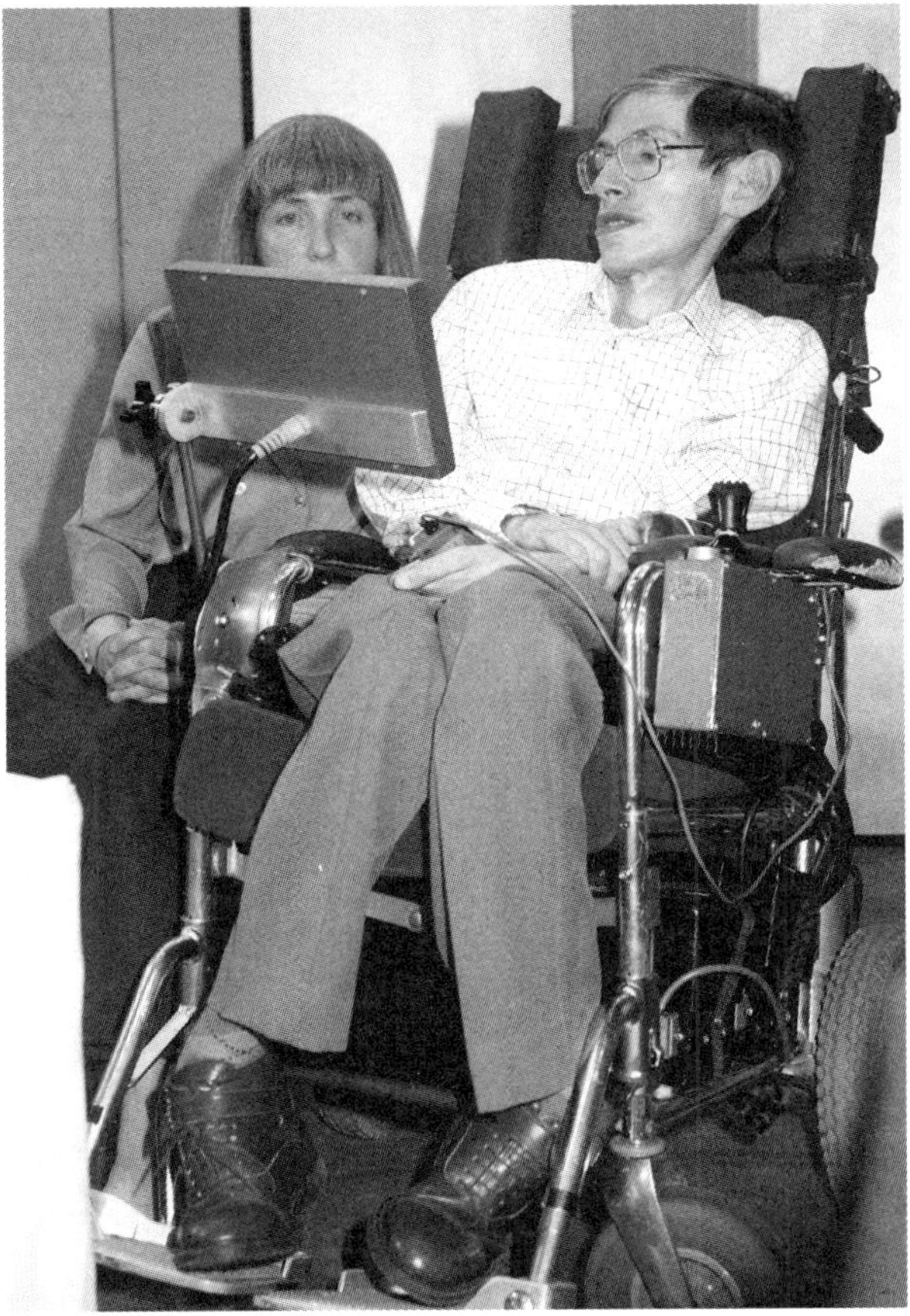

⬆大科学者スティーブン・ホーキング博士。彼も宇宙について、「神の行為《こうい》でもない限り……（宇宙の起源に関する説明は）非常に困難《こんなん》です」と語っているのだ（写真＝共同通信）。

ることは、非常に困難です」

　ホーキング博士はここで、「神」という言葉を使った。ただし彼がいう「神」は、必ずしも『聖書』のいう、全知全能の創造神というわけではないようだ。彼にとっては、「神」はいまだ「科学の謎」なのである。

　博士は、その「神」がだれであるか、何であるかを特定はしない。また「神が宇宙を造ったのだから」で説明を終わらせるつもりもない。あくまで宇宙の起源を、科学の新しい理論で解き明かしたいと願っている。

　博士によれば宇宙の始まりは、絶妙に微調整された宇宙を生みだすだけの、ある種の「初期条件」に支配されていたに違いないという。その初期条件を解明し、宇宙の始まりから終わりまでの謎を解く統一理論を打ち立てることを、彼は目指している。

　とはいえ、宇宙の始まりがある種の初期条件に支配されていたのだとしても、そののち宇宙がこれほど絶妙に微調整されている事実を見るとき、その初期条件自体が「絶妙に微調整されていた」ことになる。

　初期条件自体が、人間を宇宙に置くために見事に整えられていたのだ。

　そうした整えられた初期条件を用意することのできるものは、もちろん「知的デザイナー」以外には考えられない。

絶妙に微調整された地球環境

さらに、米国アイオワ州立大学の天文学者でNASAの特別研究員でもあったギエルモ・ゴンザレス博士と、哲学者ジェイ・リチャーズは、共著『特権的惑星――いかに我々の宇宙での場所が発見のためにデザインされているか』のなかで、地球がいかに知性によってよく「気配りされた」場所であるか、ということを論じている。

われわれの地球は太陽系に属するが、この太陽系は、いわゆる「天の川」銀河のなかに存在している。同じような銀河は、この宇宙に無数に存在するが、そのうちのひとつ「天の川」銀河のなかに、われわれの太陽系が存在している。

ゴンザレスとリチャーズらは、この銀河は生命を支えるのに、まさに適した種類の銀河系であるという。

さらにわれわれの太陽系は、この「天の川」銀河の比較的狭い「銀河居住可能ゾーン」に位置していて、そこは危険な放射線や彗星《すいせい》の衝突《しょうとつ》の脅威《きょうい》を最小限にしている。そこは、大きな岩石惑星を形成するのに必要な、重い元素の利用を可能にする位置であるという。

またわれわれの太陽は、まさに適した大きさを持ち、生命を支えるのに必要な安定性を保っている。そして地球は、ほかの太陽系惑星とは異なり、適度な温度と液体の水を表面に持つことが可能な、比較的狭い「環《かん》恒星居住可能ゾーン」に位置している。

　しかも地球が大気を持ち、乾《かわ》いた陸地と海からなり、防御《ぼうぎょ》のための磁場《じば》を周囲に作りだしているのは、それを可能にするちょうどよい大きさのためである。さらに月は、地軸の傾きを安定させ、それによって気温の激しい変動を防ぐための適した大きさと、地球からもちょうどよい距離にある。

　このように地球も、そこに生命が誕生し生命が育《はぐく》まれるために、ちょうどよいようにデザインされている。たんなる運やツキでは説明できないほど、宇宙のなかで特別に整えられた場所――それが地球なのである。それは何者かの意図を感じざるを得ないほどに、よくデザインされている。

　現在、われわれの地球が属する太陽系以外にも、140個ほどの惑星系が見出されているが、確認された惑星のほとんどは木星のような巨大惑星ばかりで、地球型の惑星は見つかっていない。地球型の環境は、宇宙のなかでは奇跡といえるほどに、まれなものなのである。

　月もそうである。皆既日食《かいきにっしょく》は、太陽と地球の間に月が入って、月の陰《かげ》に太陽が隠《かく》れる現象だが、これはかつてアインシュタインの一般相対性理論の正しさを検証するためにも、利用された。すなわち、光が重力で曲がることを検証したものだ。

　この検証の際、もし月が大きすぎたり小さすぎたりしたら、あるいは近すぎたり遠すぎたり

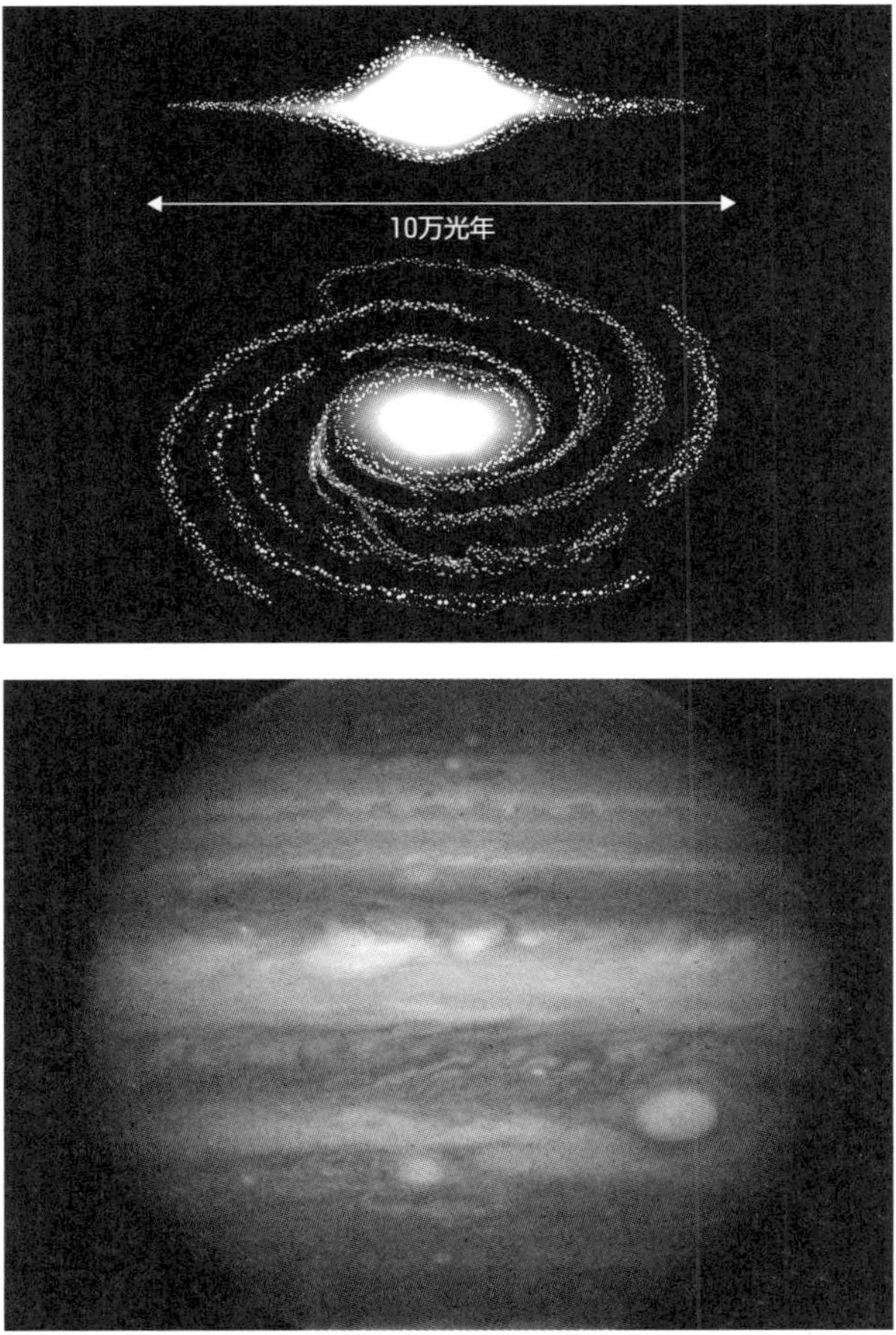

⬆（上）地球は銀河のなかできわめてまれな「生命居住可能ゾーン」に属《ぞく》している。（下）発見される惑星《わくせい》は、ほとんどが木星のように巨大なものなのだ。

したら、このような検証は行われなかったか、永遠に遅延《ちえん》していただろうという。だからゴンザレスとリチャーズは、月のサイズと軌道《きどう》は科学のために「注文して造らせたかのようだ」とさえ述べている。

それは人間の「科学の発展のためにも」デザインされたかに見える、というのだ。彼らはこう書いている

「われわれ人間の存在を可能にする、まさにあり得ないような諸々の特質が、われわれの周囲の世界に満ちている。…（中略）…われわれは、これを単に偶然の産物だとは考えない。われわれがこれまで抱いていた、あるいは想像しようとしてきた宇宙像以上の何ものかが、この宇宙にはあるといってていい」

そしてこの「何ものか」とは、「知的デザイン」であると結論づけている。

すべてがデザインされている

このように宇宙を、地球を、月を、また生物を、研究すればするほど「知的デザイン」しか考えられなくなるのである。

だから、これらを研究した人々の多くは、たとえそれまで無神論の立場をとっていたような人であっても、なにか宇宙を超越した知的実在者の存在に、思いを向けざるを得なくなったと

告白している。主導的な理論物理学者ポール・デイヴィズ博士も、

「その裏に、黒幕的な何かが存在している強力な証拠が見えます。…（中略）…宇宙を作りあげるために、まるでだれかが自然界の定数を微調整したかのようです。…（中略）…すべてがデザインされている、という印象は強烈です」

と語っている。また、この宇宙の微調整は「宇宙がデザインされたという考えの有無をいわさぬ証拠」だと述べた。ジョージ・グリーンシュタイン博士も次のように述べている。

「すべての証拠をながめながら、何かそこに超自然的な存在者がかかわっている、という思いが絶えず浮かんできます。そういうつもりではなかったのに、私たちは、知らないうちに絶対的実在者の存在の証拠を、発見してしまったのでしょうか」

一方、英国ケンブリッジの天文研究所の所長で、著名な理論物理学者フレッド・ホイル博士も、宇宙の形成において「超知性」の働きがあったように見える、と書いている。彼は、『知的宇宙』という本を著し、「情報に富む宇宙」「知性は何をしようとしてるか」といったタイトルの章を挙げて、このことを論じた。

ホイル博士は、不可知論者《ふかちろんじゃ》として知られる人でもある。だから、こうしたことを論じてキリスト教や『聖書』、また何かの宗教の擁護《ようご》をしようとしているわけではない。しかし彼は、こう書いた。

「ある要素が明らかに宇宙研究から抜け落ちている。宇宙の起源は、ルービック・キューブの解と同じように、ひとつの知性を要求する」

さらに、

「これらの事実を常識的に解釈すれば、超知性が、物理的、化学的、また生命の事象を整えたのであって、自然界には盲目の力といえるようなものはないのだ、と考えざるをえない」

とも述べている。こうして彼は、「導かれない盲目的進化」を漠然と信じこんできた従来の進化論に、痛烈《つうれつ》な批判をあびせたのである。

自然界の物理的・化学的法則はすべて、生命のために絶妙に微調整されている。ファイン・チューニングされているのだ。そんな絶妙な微調整を、盲目的な力ができるわけがない。宇宙が絶妙な微調整のもとに存在し、しかも知的生命のいる宇宙となっている事実は、「宇宙が知的デザインによって誕生した」ことを、明らかな形で物語っているのである。

ひとつ間違えてもできない

われわれは、宇宙も、地球も、生物も、「知的デザインによらなければ決して誕生できない」といえるほどに、あまりに見事な姿に作られていることを見てきた。

これをもし再び身近な例で考えるならば、ここに一台のテレビがあるとしよう。技術者はこのテレビを作るときに、ブラウン管の電圧を何ボルトにするか、スピーカーに流れる電流をどのくらいにするかなど、さまざまな値を決める。

テレビ内部の各部品――トランジスタやコンデンサー、IC（集積回路）、LSI（大規模集積回路）などにかかるいろいろな電圧や電流、抵抗の数値などを定めて、テレビを作りあげる。

それらの数値をひとつでも間違えて作ったりすると、テレビは用をなさない。画面が映らなかったり、ギーギー、ガーガーいうだけであろう。あるいは、ただの粗大ゴミになるだけだ。

筆者は小学生のころ、ラジオのキットを買ってきて、ハンダごてを片手に組み立てたことがある。ところが部品を組み立てるとき、別の部品をつけたり、電圧を間違えたりしたので、なかなか聞こえるようにはならなかった。

ひとつ間違えても、ただのゴミになるだけで、きちんと機能させるためには、すべてを間違えずに組み立てる必要があるのである。

同様に、この宇宙が見事なかたちで微調整されて存在している事実は、「超知性」＝「サムシンググレート」が、物質界のさまざまな数値をもっとも適切な値に定めたからである。さまざまな自然定数を、もっとも都合のよいように微調整したのだ。

一台のテレビやラジオを作るときでさえ、多くのすぐれた人々の知性と、長年の研究、また努力が必要であった。そうであれば人間というもっとも複雑で高度な生命体、またこの偉大な宇宙を造りだした超知性は、いったいどれほどすぐれた知性を持つ者であろうか。

これに関連して、ノーベル物理学賞を受賞したポール・ディラックも、その超知性の謎に迫る発見をしている。

先にわれわれは、宇宙がさまざまな「自然定数」によって支配されていることを見た。重力、核力、光速、電磁気力……それらの定数は不変の数として、宇宙の諸法則を支配している。ところがディラックは、これらの定数のなかに、なんとも不思議な一致があることに気づいたのだ。

どうもそれらの自然定数は、でたらめに定められたわけではないようなのである。というのはそこには、あまりに多く「10の40乗」という数字が繰り返し現れるのだ。

たとえば電磁気力の定数を重力定数で割ると、10の40乗になる。また宇宙の年齢を陽子の半径を光が通過する時間で割ると、やはり10の40乗になる。さらに宇宙の物質密度の比は10の40乗であり、また、宇宙に存在する核子の数は10の40乗をさらに2乗した数である。

なぜ、10の40乗という数字がこれほどに繰り返して現れるのか。ディラックはこれを偶然とは考えなかった。

「宇宙は10の40乗という特別な数字によって、その基本構造が決定づけられている」

と考えたのである。つまり、宇宙はデザインされたものではないか、というわけだ。彼のこ

⬆ノーベル物理学賞のポール・ディラック博士（左）。「10の40乗」という数字が頻繁《ひんぱん》に現われることを見出した（写真＝AP images）。

の発見は「大数仮説」と呼ばれ、その後の天文学者や理論物理学者たちに大きな影響を与えた。

先にわれわれは、宇宙のさまざまな事柄が「微調整（ファイン・チューニング）」されている、という事実を見たが、これを初めて唱《とな》えた英国ケンブリッジ大学の理論物理学者ブランドン・カーター教授も、その影響を深く受けたひとりである。

10の40乗という数字は、1のあとに0が40個続く数字である。ちなみにこの40が『聖書』によく出てくる完全数と同じであるというのも、興味深い。

たとえば古代イスラエルの民が荒野《あれの》を放浪した期間は40年、ノアの時代に大洪水をもたらした雨の期間は40日、モーセが十戒《じっかい》を得るためにシナイ山にこもった期間も40日、イスラエルの斥候《せっこう》がカナンの地を探ってきた期間も40日、ダビデ王の治世は40年、ソロモン王の治世も40年……ほかにも多くある。

『聖書』によれば、神は40という数字を好むのである。人間の母親の妊娠《にんしん》期間も280日であり、ちょうど40週である。40は一種の完全数なのだ。これは不思議な一致と思うかもしれないが、宇宙はまことに不思議に満ちている。

宇宙は明らかに、デザインされたものなのである。

存在する宇宙と、存在しない宇宙

読者はまた、こんなことを考えてみたことがあるだろうか。

われわれが「宇宙（universe）」というとき、それは時空（時間＋空間）、およびそのなかにある銀河、星、太陽や地球など、すべてのものをさしていっている。「宇宙」とは、存在するもののすべてである。だから「宇宙」は、ひとつしかない。

しかし最近の科学者は、宇宙は実はひとつではなく、いくつもあるのではないか、という議論をしている。われわれの宇宙のほかに、「ほかの宇宙」があるのではないか、というわけである。

もちろん仮に「ほかの宇宙」があったとしても、この宇宙から「ほかの宇宙」に行くことが

⬆（上）荒《あ》れ野《の》40年の放浪のとき、神の指示に従い、水を掘りだしたモーセ。（下）治世《ちせい》40年のソロモン王。神は「40」という数字を好む。

簡単にできるわけではないし、「ほかの宇宙」の様子を知ることができるわけでもない。また「ほかの宇宙」というものが本当に存在する、といっているわけでもない。

しかしここで、われわれが住む宇宙はいったいどんな宇宙なのかを知るために、次のような思考実験をしてみよう。

たとえば、ふたつの宇宙がある、と頭のなかで想像してみてほしい。

一方の宇宙は、銀河も太陽も惑星もあるが、人間がどこにもいない。生命もいない。物質だけの世界である。もう一方の宇宙は、われわれが今住んでいる宇宙である。そこには人間という、知的生命が存在している。

さて、これらふたつの宇宙は、どちらも「宇宙」には違いない。しかしその存在意義は、まったく違っている。

われわれの住んでいる宇宙において、人間はさまざまな知的探究により、宇宙の存在や様子を認識している。天文学者は星を探究し、理論物理学者は宇宙の起源を考え、工学者は星に探査ロケットを送っている。人間は宇宙に対し、さまざまなかかわり合いを持っているのである。

ところが知的生命のまったくいない宇宙では、その宇宙はだれによっても認識されない。認識されないということは、その宇宙は「なきに等しい」ということである。いかに広大で美しい宇宙であろうと、その存在や様子が認識されなければ、そのような宇宙は「存在しないに等しい」し、「あってもない」のである。

「認識」ということを基準にすると、知的生命のいない宇宙は、たとえ存在しても「存在しない宇宙」である。一方、知的生命のいるわれわれの宇宙は、「存在する宇宙」ということになる。

こうしたことが今、科学者の間で盛んに論議されるようになっている。その結果、実は最近、科学者たちの間で、「われわれの宇宙は、『人間』という知的生命を生み、育《はぐ》むために、もともと備えられた宇宙なのではないか」という考えが生まれてきた。これを「人間原理(Anthropic Principle)」という。

人間原理

人間原理とは、「宇宙を支配する物理法則、化学法則、定数などが、宇宙開闢《かいびゃく》の初めから、将来人間のような高等生物とそのための環境を作りだすために、恐るべき精度《せいど》で微調整されていた」、つまり「宇宙は最初から人間をそこに置くために作られたに違いない」という考え方である。

人間原理は、いまや世界中の多くの科学者たちの心をとらえつつある。地球の起源説で有名な東京大学大学院の松井孝典教授も、こう書いている。

「宇宙は、地球を生みだす必然性を持っており、地球は人類を生みだすべき必然性を持っていたと考えられなくもない。…（中略）…地球も人類も決して偶然の産物ではないとすれば、そもそも宇宙は、1キログラムほどの脳を持つ奇妙な形態をした人間という生命のために存在し、進化してきたのではあるまいか」

これは人間原理の考え方である。つまり「盲目的《もうもくてき》な」進化ではなく、明確な目的を持って生まれてきたのがこの宇宙であり、地球であり、また人間だ、というものだ。最終目標は人間なのである。

あの偉大な理論物理学者、イギリスのスティーブン・ホーキング博士も、この人間原理に対して肯定的《こうていてき》な立場をとっている。

この人間原理を、もし別の言葉でいうなら、

「宇宙も地球も、人間のような高等生物を生みだすためにデザインされたものである」

といい換えることが可能であろう。このように人間原理と、インテリジェント・デザイン論は、同様の内容を持った理論といってよい。われわれの住む宇宙は、人間を初めとする生命のために設計されたものなのである。天文学者ヒュー・ロス博士も述べている。

「私の経験上、ただひとりとして、宇宙が何らかの仕方で生命のために適した環境となるように考案された、という結論を否定する人はいない」

博士はさらにこれに関し、天文学者たちが実際に使っている、次のような表現の数々を引用している。

「だれかが自然を微調整した（fine-tunned）」「超知能」「いじった（monkeyed）」「人を圧倒する設計」「著《いちじる》しく巧妙《こうみょう》な」「奇跡的」「神の手」「究極の目的」「神の心」「絶妙の秩序」「きわめて微妙なバランス」「超自然的働き」「超自然的計画」「注文仕立ての（tailor-made）」「至高《しこう》の存在」「摂理《せつり》的《てき》に考案された」……

このように今や天文学者たちは、宇宙が知的にデザインされたものであることを表す数多くの表現を使うようになっている。そうした表現を使わなければ、宇宙の成り立ちを説明することは、決してできないからである。

ダーウィニズムでいいのか

現代のインテリジェント・デザイン論は、これまで見てきたように、科学の最先端《さいせんたん》分野の新しい発見の数々から生まれてきたものである。その点で、古くからあったインテリジェント・デザイン論より、さらに大きな説得力を持つようになっている。

だからこそ、今や世界中の多くの科学者たちが唱え、教育界や米国大統領までも巻きこんで、大きな論争となっているのだ。

その一方、はっきりいって目立った論争が起きていないのは、日本くらいなものである。日本は今なお、「ダーウィニズム（ダーウィン流進化論）天国」だからである。「ダーウィニズムを唱えていれば学者として安泰《あんたい》だ」という風潮《ふうちょう》の国だ。

そうした学者たちに教育されたわれわれ一般庶民の多くも、その影響をどっぷり受けたままである。幼児用の図鑑《ずかん》、学校の教科書、NHKの番組など、今なおダーウィニズム一色である。日本では、インテリジェント・デザインも、創造論もほとんど語られることがない。だからわれわれ一般人は、なかなか偏《かたよ》った進化論的思考から抜けだせないのである。

実際、2006年に科学誌「サイエンス」が世界38か国を対象に行った調査では、日本人はダーウィニズムに疑いを持たない国民のトップ5か国に入っている。それほどにダーウィニズムは日本では「高く評価」されている。盲信されているのである。

しかしほかの国々では、ダーウィニズムを疑う人のほうが多い。とくにアメリカなどでは、米国人の54パーセントは、「進化論を信じない」と回答しているほどだ。これは米国を代表する世論調査機関であるハリス調査の結果である。

日本とは何と違うことだろう。アメリカだけでなく、ヨーロッパ各国でもダーウィニズムを疑う人が多い。しかし日本では、「ダーウィニズムは事実」「進化論は事実」と教えられるまま、いまだに能天気に信じこんでいる。

そうしたダーウィニズム天国の日本において、ダーウィニズムに異議《いぎ》を唱えるのは決して楽なことではないだろう。しかし科学というものは、変わるものなのだ。進歩しなくては科学ではない。世界の潮流は変わってきているのだから、日本も遅れていていいわけではない。

日本では、欧米のインテリジェント・デザイン論に関しマスコミで報道される場合も、「それは創造論だ」とか、「宗教」「原理主義」といったレッテル張りがなされている。けれども、本書をここまで読まれたかたは、インテリジェント・デザイン論は「創造論」でも「宗教」でも「原理主義」でもなく、世界中の多くの科学者たちが唱えはじめ、支持した科学理論であることがおわかりになったかと思う。

第4章 進化論は本当に正しいのか

進化論がもたらした害悪

京都大学の渡辺久義名誉《めいよ》教授は、こう述べている。

「（インテリジェント・デザイン論の登場に関し）自分は仏教だし、日本は仏教国なのだからそんな話は関係ない、などと考えるとしたら愚《ぐ》の骨頂《こっちょう》です。…（中略）…インテリジェント・デザイン論によって、すべての人が知的デザイナーの存在を認《みと》めざるを得なくなってきています。この宇宙が特に人間をかしらにして創られている、としか解釈できないとしたら、ではその目的は何か、知的デザイナーとはどんな存在か、といった科学を超えた問題になります。これによって科学と宗教の分裂といった事態はなくなるだけでなく、両者が相補的《そうほてき》に協力して果たすべき大きな役割が見えてきた、と考えるべきです」

このように、インテリジェント・デザイン論は、科学理論であって宗教の領域にまでは踏みこまないものの、今や科学と宗教の橋渡しをする大きな役割を果たしている。

これまで、ダーウィン流の進化論は盲目的《もうもくてき》進化、偶然《ぐうぜん》による進化ということを教えるために、われわれ人間が偶然の産物であるという理念をもたらしてきた。その結果、人生は無目的だ、無意味だという考えが人々の脳裏《のうり》に入りこみ、ニヒリズム（虚無《きょむ》主義）を広めるという役割を果たしてきた。

今日、日本では「むしゃくしゃしたので、だれでもいいから殺したかった」と、路上に出て無差別殺人を行うという犯罪も増加している。親が子を殺し、子が親を殺す犯罪、そのほかのさまざまな犯罪も増加している。

ひどく悲しい世の中になったと思うが、そうした犯罪と、こうした無意味な人生観とはまったくの無関係ではない。いや、大きく関《い》わっているといってよいだろう。その根底に、進化論などによってむしばまれた、無目的・無意味な人生観があると見ていい。

進化論はかくも多くの人々の人生観に、知らず知らずのうちに影響《えいきょう》しているのだ。

また歴史的に見ると、かつて欧米では、進化論に基づいた人種差別も盛んだった。白色人種は有色人種より進化した者だ、という考えにより、有色人種に対する人種差別を肯定するための基本理念となっていたのである。

人種差別だけでなく、産業革命以後のヨーロッパ社会においては、容赦《ようしゃ》のない競争原理が導入され、富《と》んだ支配層が多くの貧《まず》しい者たちを支配してきた。そのとき彼らは、進化論を都合よく利用してきたという経緯《けいい》もある。

「強い者が生き残る適者生存《てきしゃせいぞん》は自然の摂理《せつり》である」

「絶え間のない競争により、社会は劣等者《れっとうしゃ》をふるいにかけることができる」

といった論理で、弱者をかえりみなかったのだ。彼らは、こうした拡大解釈した進化論を、自己正当化のために利用してきた。

このように進化論は、益《えき》よりも、むしろ、より多く害をもたらしてきたのである。これら数々の悪《あ》しき風潮を打ち破り、新しい科学的認識をもたらすのが、インテリジェント・デザイン論だといってよいだろう。

進化論者の反論

では、こうしたインテリジェント・デザイン論の登場に際し、進化論者らは、いったいどのように反論しているのだろうか。

従来のダーウィン流進化論者らにとって、知的デザインの観念はどうしても受け入れられないものである。「神」という言葉は使わないとはいっても、「神」的なものは絶対に排除《はいじょ》したいのが彼らだ。進化論者はどうしても自然界を、無神論的、唯物論的に説明したい。だから、彼らの反対は根強い。

だが多くの場合、その反対は科学的議論というよりは、むしろ感情的なもののように思える。

アメリカなどでは、インテリジェント・デザイン論の科学者と、進化論の科学者の双方が登場して討論会が開かれたり、またテレビでも討論会《とうろんかい》が開かれたりしている。そうした討論会を見てみても、感想を率直《そっちょく》にいわせてもらうなら、進化論陣営のほうは「痛いところを突かれた者がむきになって反論している」という感が強い。

科学的にみれば、ダーウィン流進化論陣営の旗色《はたいろ》は決してよくないのである。なぜなら、もはや偶然による「突然変異《とつぜんへんい》」と「自然選択」だけで生命の成り立ちを説明するのは、不可能だからだ。そのことは彼ら自身も知っているのである。

しかしだからといって、彼らはほかに、特にこれといった何かの説明を持っているわけではない。もっとも、最近は進化論者の間で、生命の成り立ちを説明する新たなアプローチとして注目を集めているものはある。

それはスチュウアート・カウフマン博士が提唱する「生命の自己組織化《じこそしきか》」である。カウフマン博士は、マイケル・クライトン原作の恐竜映画『ジュラシック・パーク』に登場するカオス理論学者マルコム博士のモデルになった人物でもあり、著名《ちょめい》な進化論者だ。

彼が提唱《ていしょう》する「生命の自己組織化」とは何か。それは、生命は自分自身で組織や構造を作りだす力を内包している、という考え方である。

つまり、外部からコントロールされることなく、生命は自らそうした力を持っているのだという。分子から細胞が組織され、細胞は各種器官などを形成して、生命体を作りあげるが、そうした生物界の現象は、生命自身が内包する自己組織化の力によって生じるというのだ。

「では、どうしてそのような自己組織化ができるのですか」

と聞かれて、カウフマン博士は、その自己組織化の原動力として「複雑系《ふくざつけい》」ということをいう。これはちょっと難《むずか》しい概念《がいねん》なので、説明は簡単ではないが、次のように説明されている。

「多数（あるいは未知）の因子《いんし》により全体の振《ふ》る舞《ま》いが決まるシステム（系）では、それぞれの相互影響のせいで一般的な計算による未来予測ができない」

たとえばウイルスの流行、天候、経済、交通などは、多数の因子がからみあっているため、未来予測は簡単にはいかない。株などをやっている人は、これが痛いほどよくわかるかもしれない。特に損《そん》をした人は。

だから複雑な系では、従来の個々の科学法則を見るだけでは結果を予測することはできない。あくまで全体を全体として、複雑さを複雑なまま、理解する姿勢が要求されるという。

「複雑系」に生命を作りだす力はあるか

それは確かにそうだろう。確かに「複雑系」では、結果予測は難しい。簡単にはわからない。では、これによって生命の自己組織化を、本当に説明できるのか。はたして、これが生命の自己組織化をもたらす「力」となり得るか。

答えは否《いな》である。この「複雑系」の概念は、はっきりいえば、結果は簡単には予測できないというだけの概念にすぎない。それが生命の自己組織化の原動力となるという何の保証もない。

また、少しでも考えてみれば、これが生命の自己組織化の原動力とはならないことは明らかである。なぜなら、たとえ複雑系であっても、そうした複雑系の持つ「予測のつかない、あてにならない力」が、混沌《こんとん》とした無生物から最初の生命を生みだし、高度な生体システムを整えたなんてことは、とうてい第り得ないからだ。

考えてもみてほしい。たとえば人間は頭蓋骨《ずがいこつ》のなかに、脳という一種のコンピューターを持っているのである。それはわれわれがオフィスなどで使っているコンピューターとは違い、液晶画面や、キーボードや、ハードディスクからなるものではないが、計算ができるだけでなく、言語を理解し、思考し、未来を予測し、全身の肉体的機能を制御《せいぎょ》し、さらには感情、心も持っている。

それはある意味では、人間が作ったコンピューター以上の機能を持っている。では、こうした人間の頭脳が、複雑系のよくわからない、予測できない力によって生まれるだろうか。

例として、ここに、たくさんのくず鉄や、ほかの金属、プラスチック、またさまざまのゴミを捨てた広大なゴミため場があるとしよう。長い年月の間には、台風がそこを襲い、竜巻《たつまき》が襲うこともあるだろう。雨の日もあれば、晴れの日もある。

それは結果が予測できない複雑系だ。どのくず鉄がどこに巻きあげられ、どのプラスチックがどこに行くかはだれも予測できない。では、そうした複雑系から、多少の時間が経過すれば、そこにポンと、一台のコンピューターが出現するだろうか。

1万年待てば、コンピューターが出現するだろうか。いや1億年なら、あるいは100億年ならどうだろうか。いや、どんなに待っても、またそれがどんな複雑系であっても、コンピューターが出現することはあり得ない。

なぜか？　コンピューターは知性の産物だからである。知的デザインの結果なのだ。

コンピューターの各部品は、物質レベルでみれば、鉄や、銅、アルミ、ほかの金属、希少《きしょう》金属、プラスチック、そのほかさまざまな物質からなっている。そうしたコンピューターを成り立たせている物質は、すべてゴミため場や、地層内に存在する。

しかし、それらの物質を一台のコンピューターに組み立てあげるには、すぐれた知性がなければならないのだ。知性による設計、立案、技術がなければ、絶対にコンピューターは生まれない。

人間の頭脳というコンピューターが生まれるのも、まったく同様のことである。人間の頭脳も、物質レベルで見るならば、タンパク質や、水や、そのほかさまざまの物質からなっているが、それらの物質は生ゴミ置き場や地層内にあるものとまったく同じである。

しかし、それが脳として存在するようになった背景には、知的デザインがあったからにほかならない。このように、たとえ複雑系であっても、知性がなければ、つまり知的デザインや知的プログラムがなければ、高度なものは決して生まれでてこないのである。

進化論者は、知的デザインの観念を受け入れたくないために、複雑系には生命を誕生させ、進化させる力があるかのようなことをいいはじめた。しかし、それを裏づける科学法則はまったく存在しない。

進化論者がいう「生命の自己組織化」、その原動力は「複雑系の力」だという考えは、荒唐《こうとう》無稽《むけい》で奇抜なだけのものにすぎない。単なる複雑系に、生命を生みだし、生命を自己組織化させる力はない。

高度で見事なシステムからなる生命体は、知的デザインによってでなければ、決して生まれないのである。

エントロピーの法則と進化論

以上のことをもう少し詳しく考えるために、これを「エントロピーの法則」の観点から見てみよう。

熱力学には、有名な「エントロピーの法則（エントロピー増大の法則）」というものがある。これは、全宇宙を支配している確実な科学的真理と思われているものである。それはひと言でいえば、「覆水盆《ふくすいぼん》に返らず」という諺《ことわざ》の意味するところと同じである。つまり、お盆から水をこぼしてしまったとき、その水は決して自然に元へ戻ることはない。

また花瓶《かびん》を壊《こわ》してしまったとき、その花瓶は決して自然にもとへ戻ることはない。リンゴの木から切り離されたリンゴの果実は、時間とともにしだいに腐《くさ》っていく。バナナでも、ミカンでも、野菜でも、必ず腐っていく。そしていずれは、完全に分解して土に帰る。

逆方向の変化が起きることはない。人間もそうである。ヒトが死に、肉体から生命が去ると、肉体はしだいに腐敗《ふはい》していき、ついには完全に分解して土に帰る。このようにものは次第に、より低い質のエネルギーの状態に、必ず移行して行く傾向を持っている。

これを「エントロピーが増大する」という。「エントロピー」は、使用できないエネルギーを指す言葉だが、わかりやすくいえば無秩序《むちつじょ》さ、乱雑さ、でたらめさのことと考えてもよい。

それが時間とともに増大していく。

物質は、高度な秩序形態から、しだいに無秩序さ、でたらめさを増して、より低い秩序形態へと移行していく。外部との関わり合いのない密封《みっぷう》した状態＝閉鎖系《へいさけい》では、エントロピー（無秩序さ）の総量は必ず増大の方向へ向かう。

これは進化とは逆の方向である。進化とは、エントロピーの減少――つまり高度な秩序形態への移行が数限りなく積み重なって生物が誕生した、と主張する理論なのである。

しかし進化論者は、生命体は決して閉鎖系ではないことを指摘する。生命体は開放系であり、

エントロピーの増大

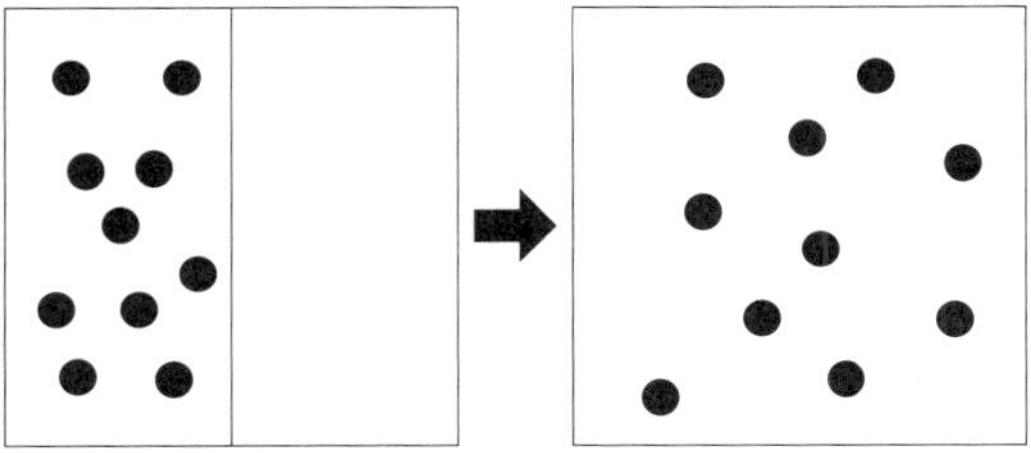

ヒトとエントロピー

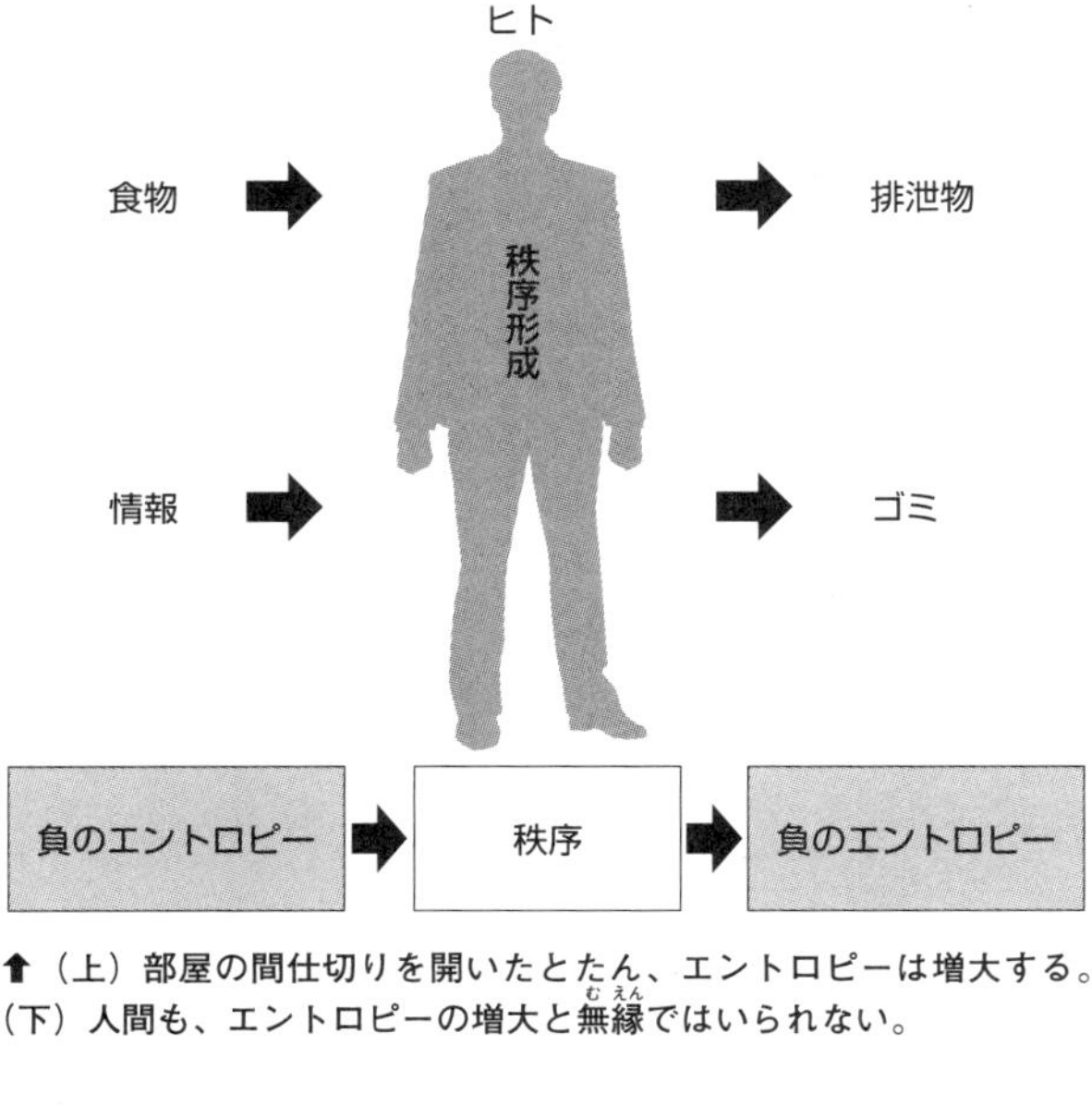

⬆（上）部屋の間仕切りを開いたとたん、エントロピーは増大する。
（下）人間も、エントロピーの増大と無縁《むえん》ではいられない。

外部との関わり合いを持った系だから、エントロピーが減少することもあるのだとする。そして高度な秩序形態への移行も起こり得る、という議論をする。

たとえば、開放系においては雪の結晶《けっしょう》の形成時のように、エントロピーが一部減少に向かうことは、確かにある。そのように開放系ではエントロピーが減少することもあるのだから、この地球上で無生物から生物への進化や、さらに高度な生命体への進化もあり得たのだ、という議論をするのだ。

しかし、ここには飛躍《ひやく》がある。いや、もっとはっきりいえば、間違いだ。なぜなら、雪の結晶のような単純なものは、たしかにできることはある。それは水の物理的性質に基づく。けれども、もっと高度なもの、とくに生命体のような複雑なシステムの場合は、それを作りあげる「プログラム」が存在しない限り、決して自然にできあがることはないのである。

先にわれわれは、ゴミため場から自然にコンピューターが出現するかどうか、という議論をした。もちろん、自然にコンピューターが出現することはない。コンピューターが生まれたのは、人間の知性が物質をうまく組み合わせて部品を作り、またそれらの部品をうまく組み合わせてコンピューターとして造りあげたからである。

そこには設計図、設計思想、ハイテク技術、あるいは設計プログラムが存在したのである。たとえ開放系であっても、高度な秩序あるものは、プログラムが存在しなければ決して生まれ得ない。いい換えれば、「知的デザイン」が存在しなければ、決して誕生しない。

生物において、たとえば植物が太陽光線というエネルギーを光合成によって活力に転換《てんかん》できるのは、なぜか。植物のうちに光合成をなすためのプログラムが、すでにその細胞に遺伝子《いでんし》DNAとして備わっているからである。

しかし、死んだ植物を太陽光線のもとにさらせば、その太陽光線のためにそれは急速に腐敗していく。プログラムがなければ、流入するエネルギーは単に無秩序を増加させるだけである。

もっとも単純といわれる生命、細胞でさえ、非常に高度で豊富な機能、組織、秩序形態を持っている。そして生物には、生命活動を営ませるためのプログラムが内部に組みこまれている。無生物にはこれがない。この差は大きい。

だから生命体というような高度な組織は、たとえ開放系で外部との関わり合いを持っていても、それを生みだすだけのプログラムが存在しない限り、自然な物理的化学的過程では決して生まれでてこないのである。

生命誕生以前の地球や宇宙自体の内には、たとえエネルギーがあっても、それを生かして高度な秩序形態を生むようなプログラムが存在しなかった。だから、進化というプロセスを通して生命が誕生することは不可能だったのである。

生命が誕生したのは、偉大な知性によるプログラムや、デザイン、働きかけが原初において存在した証拠である。

生物が持つ細胞のDNA内部には、約1兆ビット（ビットは、コンピューターで使う情報量の単位）もの巨大な情報がつまっているといわれている。しかもすべてのDNA情報は、一種のプログラム言語によって作られている。

このような秩序ある有用な情報は、偶然を原動力とする進化では決して生まれない。東京工業大学の阿部正紀教授（電子物理工学科）は、こう述べている。

「自然現象の偶然の過程から高度の秩序が生じたと考える進化論は、エントロピー増大則と真っ向から対立するものです」

進化論は、何も情報がなく、何ら知性的なデザイン、プログラムもないところから、今日の世界に見られるような高度な情報形態を持つ生物界が生まれたと主張するものである。

進化論とはそのように、絶対にあり得ないことが絶対にあったと信じることなのである。大英自然史博物館の世界的に有名な古生物学者コーリン・パターソン博士は、こう述べている。

「進化論は科学的事実でないばかりか、むしろその正反対のもののように思えます」

ウイルス進化説は正しいか

また、もうひとつ、進化論者による新たな説をご紹介しよう。

最近、進化論者のなかには、ダーウィン流進化論がもはや機能しないのを見て、新たに「ウイルス進化説」なるものを唱えはじめた人々がいる。これは、日本人の医学者と科学評論家が著書『ウイルス進化論―ダーウィンへの挑戦』で唱えた説である。ウィルス進化説は、「進化は伝染病である」と主張する。

つまり、ウイルスによって運ばれた遺伝子が、ある生物の遺伝子のなかに入りこみ、それを変化させることによって進化が起きるのだという。進化は、ウイルスが引き起こした一種の伝染病というわけだ。

これは従来のダーウィン流進化論の適応進化の考えを否定する、新しい考え方である。

たとえば、「キリンの首はなぜ長い?」という疑問に対し、ダーウィン流進化論では、キリンの首はしだいに長くなったとしてきた。ところが、しだいに長くなったのなら「中間の首の長さ」のキリンの化石が見出されるはずだが、そんなものは一切発見されていない。だからキリンの首は瞬間的に長くなったとし、それをもたらしたのはウイルスの伝染病による進化だ、という主張である。

しかし、具体的証拠があるわけではなく、それを裏づける報告は一切ない。その主張は想像の域を出ていないのだ。つまり、進化は伝染病であると主張しても、実際には具体的な仕組みを何も述べることができないのだから、空想科学小説と何ら変わりはない。

ウイルスは、生物や人間に伝染病を引き起こすものである。それは生命に危険をもたらし、生存をあやうくする。そのウイルスが、生物をより高度な生命体に進化させたというのは、どうみても無理な話だろう。

実際、ウイルスは現代においてもあちこちに存在するが、それが生体機能に障害を与えたという話は聞いても、遺伝子にまで影響を与えて生物を「進化させた」（単なる変化ではない）、発展させたという例は観測されたことがない。

ウイルス進化説は、初心者向けの解説書などでは、あたかも有力な学説であるかのように紹介されたりすることがある。しかし、生物進化論の専門家からはまったく認められていない。ほとんど相手にされていないか、似非《えせ》科学と批判されているものだ。

またウイルス進化説は学術雑誌に投稿した論文でもないため、学問的な審査も経ておらず、それゆえ科学学説としても認知されていない。ウイルス進化説は、進化論者からも、「自然選択説への誤《あやま》った批判。観察や研究例を無視したもので、非論理的な考察である」と批判されている。またウイルス進化説を唱えたところで、ウイルスも何もない無生物状態の原始地球において、いかにして最初の生命が誕生したかについては、何も解答を与えていない。

このように進化論者は、ダーウィン流の進化論がもはや機能しないことがわかると、複雑系の概念で説明しようとしたり、ウイルス伝染病による進化説を唱えたりして、何とか進化論を持ちこたえさせようとしているのが現状だ。

しかし、これは進化論の末期症状ともいえるだろう。生物誕生の背後に知的デザインがあった、ということを認めない限り、人間をはじめとする生物の成り立ちを説明することは不可能なのである。

神の探求への回帰

われわれは、従来の進化論を超える理論として登場したインテリジェント・デザイン論が、「知的デザイナー」「サムシンググレート」というものについて言及することを見た。それは、われわれ人間の知性をはるかに超える知的な実在であり、その存在を科学理論が予測するものである。

しかし、科学理論がそうした知的存在について言及することを、奇異《きい》に感じる読者もいるかもしれない。「科学と神は別ものではないか」、あるいは「科学は神の存在を否定したのではなかったか」と。

けれども、実は科学と神があたかも対立する概念《がいねん》であるかのように思われるようになったのは、科学の歴史からいえば、ごく最近のことにすぎない。なぜなら、かつて近代科学を作り、育てた人々は、ほとんどすべてといっていいほど神の存在を信じる科学者たち、またクリスチヤンだったからである。

たとえば、近代物理学の基礎となった、万有引力の法則の発見者アイザック・ニュートンは神学者でもあった。彼は神学に関する論文を多数書いているほどだ。

地動説の提唱者であるコペルニクスは、カトリックの司祭《しさい》であった。また惑星運動の法則を解き明かしたケプラーは、プロテスタントの牧師《ぼくし》になるために神学校へ通っていた。

地動説を唱えて当時の教会から迫害されたといわれるガリレオ・ガリレイでさえ、無神論者だったわけではない。彼は、自分の地動説が『聖書』に矛盾《むじゅん》しないことを説明する手紙を、大公妃や友人に宛《あ》てて書き送っているのだ。また彼は、「私に顕微鏡を与えよ。そうすれば無神論を破ってみせよう」といったほどの有神論者だった。

そのほか、近代科学を作った偉大な科学者たちの多くは、ほとんどが有神論者であった。ファラデー、ケルビン、マクスウェル、パスツール、リンネ、ファーブル、パスカル、ボイル、フレミング、ドーソン、ウイルヒョウ、コンプトン、ミリカン、プランクなどをはじめ、科学史上に名だたる人々の多くが、有神論者だったのである。

20世紀最大の科学者といわれたアルバート・アインシュタイン博士も、「私は、神の天地創造の『足跡』を探していく人間である」と語ったと伝えられる。彼らにとって、宇宙また自然について研究することは、「神」をより深く知ろうとする心の表れだった。だから、科学の歴

⬆近代科学を作った偉大な科学者たちの多くが有神論者だった。写真はリンネ（上左）、ガリレオ（上右）、コペルニクス（下左）、ファーブル（下右）。

史においては、科学研究は常に、神の探求に結びついていたのである。

ところが、そこに亀裂《きれつ》をもたらしたのが、進化論の登場だった。進化論を唱えたダーウィン自身は、先に述べたように、

「生命は、初め創造者によって、いくつか、あるいはひとつの形態のなかに吹きこまれた」

と書いた有神論者だった。ところが彼の進化論は、そののち無神論者たちによって圧倒的に支持され、都合《つごう》よく引用され、全世界に広められた。この進化論の広まりにより、人々は『聖書』を単なる神話と考えるようになり、科学と神を切り離してしまったのだ。

科学研究から、「神」を追いだしてしまった。こうして科学は無神論的なもの、唯物論的なものと化してしまったのである。科学がこのように無神論的になったのは、比較的最近のことであり、進化論の登場以後のことである。

けれども今日、進化論は、もはや何の証拠もない空虚な理論と化してしまった。それは空想科学小説と何ら変わりない。健全《けんぜん》な科学的証拠は、みな進化論を否定しているのである。だからこの進化論の呪縛《じゅばく》から、科学を解き放たなければならない、というのがインテリジェント・デザイン論者の思っていることだ。

インテリジェント・デザイン論はこのように、科学を以前の本来の姿に立ち戻らせ、無神論や唯物論的思想とは手を切ろうという、科学者たち自身の運動なのである。この理論の登場と

広まりにより、科学研究は再び、神の探求と結びついたといってよい。

ニュートンが語った知的デザイナー

かつて17～18世紀のイギリスに、万有引力《ばんゆういんりょく》の法則の発見で有名な大科学者アイザック・ニュートンがいた。彼の逸話《いつわ》に、次のようなものがある。

あるときニュートンは、腕《うで》ききの機械工に、太陽系の模型を作らせた。その模型は、歯車とベルトの働きで、各惑星が動く仕掛けになっている精巧《せいこう》なもので、ニュートンの部屋の大テーブルの上に置かれた。

ある日、ニュートンがその部屋で読書をしていたとき、ひとりの友人がやってきた。彼は無神論者だったが、科学者だったので、テーブルの上のものを見て、すぐそれが太陽系の模型であることを見てとった。

彼は模型に近づくと、模型についているクランク（手動用金具）を、ゆっくり回した。すると、模型の各惑星が、さまざまな速度で太陽のまわりを回転するのだった。それを見た彼は、いかにも驚いた様子で、

「うーむ。実に見事だ。だれが作ったんだい」

と尋《たず》ねた。ニュートンは本から目を離さずに、

「だれでもないさ」

と答えた。

「おいおい、君はぼくの質問がわからなかったらしいな。ぼくは、だれがこれを作ったのかと聞いたんだよ」

するとニュートンは、本から顔を上げて、まじめくさった調子で、これはだれが作ったのでもない、いろいろなものが集まって、たまたまこんな形になったのだ、といった。しかし驚いた無神論者は、やや興奮《こうふん》した口調で、いい返した。

「ニュートン君、人をばかにしないでくれ。だれかが作ったのに決まってるじゃないか。これを作ったのは、なかなかの天才だよ。それはだれかと聞いているんだ」

ニュートンは本をかたわらに置き、椅子《いす》から立ち、友人の肩に手を置いて、いった。

「これは、壮大な太陽系を模《も》して作った粗末《そまつ》な模型でしかない。太陽系を支配する驚くべき法則は、君も知っているはずだ。それを模して作ったこの単なるおもちゃが、設計者も製作者もなく、ひとりでにできたといっても、君は信じない。ところが君は、このもとになった偉大な本物の太陽系が、設計者も製作者もなく出現したという。いったいなぜ、そんな不統一な結論になるのか説明してくれたまえ」

ニュートンは彼に、太陽系における知的デザインについて語ったのである。こうして、宇宙の背後には偉大な知的デザイナーがいることを、友人に得心《とくしん》させたという。ニュートンもこのように、偉大なインテリジェント・デザイン論者だった。

もっとも、彼はこの知的デザイナーを、はっきりと「神」と呼んでいる。彼はその著書『プリンキピア』のなかで、次のようにも書いている。

「太陽、惑星、彗星《すいせい》から成る極《きわ》めて美しい天体系は、知性を有する強力な実在者の意図と統御《とうぎょ》があって、初めて存在するようになったとしかいいようがない。至上の神は、永遠、無窮《むきゅう》、全く完全なかたであられる」

彼は、宇宙は目に見えない偉大な「神」によって創造されたのであり、その統御によって存在しているのだと信じていた。彼は自分の科学研究について、「自分は、真理の大海の浜辺で戯《たわむ》れているのだ」と語ったことがあるが、彼にとって科学研究とは、「神の真理」を探求することだったのである。

大自然はなぜ美しいのか

野の風に揺《ゆ》れる花々や、高原に流れる小川を見て美しいと思い、夜空に輝《かがや》く星を見上げたり、山頂から壮大な雲海のながめを見て、大自然の崇高《すうこう》さ、荘厳《そうごん》さに胸を打たれたことのある人は、おそらく少なくないと思う。

大自然は、「偉大」あるいは「崇高」または「荘厳」と感じさせる何かを、その奥に持っている。なぜ大自然は「美しい」のか。これについて『聖書』は、次のように述べている。

「神の目に見えない性質、すなわち、神の永遠の力と神性とは、天地創造このかた、被造物《ひぞうぶつ》（造られたもの）において知られていて、明らかに認められる」（「ローマ人への手紙」第1章20節）。

大自然の持つ美しさ、偉大さ、崇高さは、その奥におられる創造者の美しさ、偉大さ、崇高さの現れであるという。自然界（被造物）には、大自然の奥に実在する知的デザイナーの永遠の力と神性が現れている。

だから、宇宙について深く研究しようとする科学者が、その研究を通して、サムシンググレート＝神の存在について確信を一層深めたとしても、決して不思議ではない。宇宙の理を究《きわ》めようとする者は、だれでもその美しさと荘厳さに、魅了《みりょう》されることだろう。かつてアルバート・アインシュタイン博士は、「宇宙の法則は、数学的美しさを持っている」と語った。また、イギリスの数学者で偉大な理論物理学者であるポール・ディラックは「サイエンティフィック・アメリカン」誌に、「神は、非常にすぐれた数学者であられ、宇宙を造る際に、極めて高度な数学を用いた」と書いている。このように、もはやサムシンググレート、知的デザイナーという言葉ではなく、明確に「神」という言葉を使う科学者も決して少なくはない。

もし、本書を読んでいる読者が使う言葉が、「神」よりは「サムシンググレート」「知的デザイナー」「超知性」などのほうがよければ、それでもよいと思う。だれでも、好きな言葉で呼べばいいのだが、ともかく、宇宙の背後に人間を超える知性が存在することを多くの科学者が認めているのである。

1927年にノーベル賞を受けたアメリカの科学者アーサー・ホリー・コンプトン博士も、「秩序正しく広がっている宇宙は、『はじめに神が天と地とを創造した』（「創世記」第1章1節）という、もっとも荘厳《そうごん》な言葉の真実さを証明するもの」だと述べた。一方、電気素量や宇宙線の研究に貢献して、ノーベル賞を受けた物理学者ロバート・A・ミリカンも、1948年のアメリカ物理学協会の集会で、確信をもって、宇宙の背後に存在する超越者を「偉大な建築者」と呼んでいる。そして、「純粋な唯物論は、私にとってはもっとも考えにくいものだ」と語った。ドイツの偉大な科学者マックス・プランクは、こう述べている。

「理知ある至高の創造者の存在を仮定せずに、宇宙の成り立ちを説明することは、不可能である」

このように一流の科学者のなかには、「サムシンググレート」「知的デザイナー」「神」「創造者」など、呼び名はいろいろであっても、人間をはるかに超えた偉大な知的実在を信じる人々が決して少なくない。

さらに今日、科学者のなかでサムシンググレート＝神を信じる人々の割合は、決して減少傾向にはなく、むしろ増加傾向にある。

アメリカでなされたあるアンケート結果によると、第2次大戦以前、創造者としての神の存在を信じる科学者の割合は、35パーセントだったのに対し、最近では60パーセントに達しているとの調査結果が出ている。こうしたことを考えてみると、「科学的知識の豊かな者は、知的デザイナーの存在を信じたり、神を信じたりすることはあり得ない」という考えは、少なくともばかげているといっていい。むしろ、科学的知識が豊富になることがかえって、宇宙の知的デザイナーを信じることを助けた、という場合のほうが多いのだ。

「神などいない」という人の場合、それは深い知識によるのではないことが、しばしばである。「愚《おろ》か者は心のなかで『神はいない』といっている」（「詩篇」第14篇1節）は『聖書』の言葉だが、知的デザイナー＝サムシンググレートを信じることは、非科学的なことでも非常識なことでもない。むしろ、科学的にきわめて理にかなったことであり、また人間として非常に自然なことなのである。

生命体に刻まれた「創造の7日」

インテリジェント・デザイン論に関連して、最後にもうひとつ、生物界における知的デザインの話をしたいと思う。これは少し不思議な話に思えるかもしれないが、筆者は独自に調べて、たいへん重要で興味深いものだと思っている。

世界でもっとも古い書物＝『聖書』によれば、すべての生物は、神による「創造の7日間」において生まれたとされていることは（6日間の創造と第7日目の安息日）、読者もご存じだろう。

ところが、こうして造られたというすべての生物に、どうもこの「7」というリズムが刻まれているようなのだ。われわれは生物たちを観察してみると、しばしば不思議にも「7」という数字に出会うのである。

たとえばヒトの妊娠期間は平均280日（40週）であり、ちょうど7の倍数だ。これは白人でも黒人でも、黄色人種でもみな同じである。

イヌの妊娠《にんしん》期間は63日で、やはり7の倍数である。ネコ、タヌキ、コヨーテ、オオカミなども、みな同じく63日である。ニワトリの卵は21日で孵化《ふか》し、やはり7の倍数である。ウミバト、オカメインコ、オナガガモ、コクジャク、コモンシャコなどの鳥も抱卵期間は同じく21日である。ネズミの妊娠期間も21日間である。

アヒルの卵は28日で孵《かえ》る。やはり7の倍数である。クジャク、ツメバケイ、ハイイロガン、フラミンゴなどの鳥も抱卵《ほうらん》期間は同じく28日である。魚のハゼの卵も、セ氏13度の水の適温下では28日間で孵化する。ただし魚の卵の孵化までの時間は、水温によって若干変化する。

ニジマスの卵は35日で孵化する（水温10度）。やはり7の倍数である。鳥であるハクチョウの抱卵期間も35日である。レンジャクという鳥の抱卵期間は14日で、やはり7の倍数である。スズメ、シジュウカラ、ヒヨドリ、ツバメなども14日間である。

スリカタという動物の妊娠期間は77日である。ヒツジは、ある書物によれば147日、ライオンは98日だという。いずれも7の倍数である。

また、ヒトの女性の月経《げっけい》は、約28日をサイクルとしている。事典を調べると、ヒトの発情にもサイクルがあるとして、それは28日ごとだと書いてある。一方、ウシ、ブタ、ヤギの発情は21日間がサイクルであり、いずれも7の倍数となっている。

もっとも、必ずしも7の倍数になっていない例もある。こうした期間は環境や条件によって若干ずれるために、計測が難しい場合もある。しかし、圧倒的《あっとうてき》に7の倍数が多いのはなぜか。

生体リズムのなかに、基本的にこれほど7の倍数が数多く現われるのは、単なる偶然ではないように思える。すなわちもっとも好適《こうてき》な生命環境のもとでは、妊娠期間や抱卵期間、発情サイクルなどに7の倍数が顕著《けんちょ》に現われるのではないか。

生体リズムには「7」が刻印《こくいん》されているのである。

ここで、「7」が『聖書』のいう「天地創造の7日間」の7と同じであることに、驚かれる方も多いのではないかと思う。『聖書』という書物がどんな書物であるかということについて

自然界における「7」

ヒトの妊娠期間	280日	7×40日
イヌの妊娠期間	63日	7×9日
ネコの妊娠期間	63日	7×9日
タヌキの妊娠期間	63日	7×9日
コヨーテの妊娠期間	63日	7×9日
オオカミの妊娠期間	63日	7×9日
ヒツジの妊娠期間	147日	7×21日
ライオンの妊娠期間	98日	7×14日
ニワトリの卵の孵化	21日	7×3日
ウミバトの卵の孵化	21日	7×3日
オカメインコの卵の孵化	21日	7×3日
オナガガモの卵の孵化	21日	7×3日
コクジャクの卵の孵化	21日	7×3日
コモンシャコの卵の孵化	21日	7×3日
アヒルの卵の孵化	28日	7×4日
ハゼの卵の孵化	28日	7×4日
ニジマスの卵の孵化	35日	7×5日
ハクチョウの卵の孵化	35日	7×5日
スズメの卵の孵化	14日	7×2日
シジュウカラの卵の孵化	14日	7×2日
ヒヨドリの卵の孵化	14日	7×2日
ツバメの卵の孵化	14日	7×2日
ヒトの女性の月経周期	28日	7×4日
ウシの発情期	21日	7×3日
ブタの発情期	21日	7×3日
ヤギの発情期	21日	7×3日

⬆自然界には、驚くほど「7」という数字とその倍数があふれている。これもまた、意図的《いとてき》に刻《きざ》まれたものである可能性は高い。

は、次の章で詳しく見るが、それは実に驚くほど科学の世界と関連している。

ちなみに、『聖書』冒頭の句＝「創世記」第1章1節は、「はじめに神が天と地を創造した」という言葉である。この句も、原語のヘブル（ヘブライ）語では、7と深く関連している。

この句は、7つの単語からなり、28の文字で書かれている。いずれも7の倍数である。28という数字はまた、1～7までの整数を足した合計であり、「7番目の三角数」と呼ばれるものである（1＋2＋3＋4＋5＋6＋7＝28）。

さらに、「はじめに神が創造した」の部分は14文字であり、「天を」は7文字、「地を」も7文字である。いずれも7の倍数なのである。このように「サムシンググレート」は、創造に関する『聖書』の句のなかにさえ、7という数字を深く折りこんだようだ。

そうであれば、「サムシンググレート」＝「神」と呼んでいいのかもしれないが、神がかつての創造の7日間を記念して、自身の造った生物たちの生体リズムのなかに7というサイクルを深く刻みこんだのだとしても、決して不思議ではない。

神は『聖書』のなかで、人間に「7日目ごとの安息日」を命じている。今日、われわれが毎週日曜日を休むのは、そこから来ている。これは、以上のような生体リズムがもとにあるからなのであろう。

『聖書』はまた、今から約4500年前、地球全土に「ノアの大洪水」があったと記している。

のちの章で見る「創造論者」らは、この大洪水以前の地球は、非常に環境のよいものだったと考えている。それは、生体リズムにも好適な影響をもたらしていた。

今日の世界においてさえ生物には「7」がよく見られるが、ましてや環境のよかった大洪水以前の世界においては、この「7」が、さらに顕著に生体リズムに見られたのではないか、と筆者は考えている。

いずれにしても、このように生体リズムでさえも、「知的デザイン」を受けたものなのだ。

第5章

聖書が説く天地創造の科学

創造論の登場

インテリジェント・デザイン論に関しては、ひとまずこれくらいにして、次に「創造論（創造科学）」について見てみたい。

インテリジェント・デザイン論では、自然界における知的デザインの存在、また知的デザイナーの存在をいうだけにとどまっていた。

その一方、創造論では、知的デザインも説くが、たんにそれだけにはとどまらない。もっと幅広い事柄を述べており、より豊かな内容を持っている。その点で、もしあなたが創造論について勉強しはじめるなら、インテリジェント・デザイン論より、もっと広範囲《こうはんい》の面白さを感じ取ってくれるのではないかと思う。

創造論は、進化論者からは、インテリジェント・デザイン論以上に敵視《てきし》された存在である。進化論者は創造論を「非科学的」と呼んで蔑視《べっし》する。だが一方の創造論者は、進化論に対し「進化論はもはや科学ではない」といい、「創造論は科学的なものだ」と主張する。

創造論も、インテリジェント・デザイン論と同様、一流の科学者たちが唱《とな》えているものである。有名な大学の教授であったり、研究所の研究員であったり、博士号などを持つ著名な科学者たちばかりだ。

しかし一般に、インテリジェント・デザイン論の科学者と、創造論の科学者とは別の人々である。インテリジェント・デザイン論者のなかには、進化論の部分否定にとどまっている者もいるが、それに対し創造論者らは全員、進化論を全面否定する。

またインテリジェント・デザイン論の場合は、科学の言葉だけを用い、決して宗教の領域へは踏みこまなかった。『聖書』も用いなかったし、知的デザイナーの正体も特定はしなかった。けれども創造論では、『聖書』も「神」も「創造者」「創造主」「アダムとエバ（イブ）」「ノアの大洪水」も出てくる。その意味では宗教的なものが加わってくる。

だが、「進化論が本当に正しいのか否《いな》か」という問題を考えるのであれば、その対極にある創造論の科学を学んでみることは、きっと有益《ゆうえき》なことに違いない。彼らは宗教としてではなく、科学理論として創造論を唱えているのである。

「創造論者＝クリエーショニスト」と呼ばれる彼らは、いったい何を主張しているのか。それは簡単に述べれば、

「世界とすべての生物は、『聖書』に記されたような特別な創造によって出現したと考えたほうが、健全な科学上のすべての証拠をよく説明できる」

とする理論である。

ただし、ひと口に「創造論」といっても、次のようないくつかの種類がある。

①科学的創造論（科学の言葉と論理だけで天地創造を語る）
②聖書的創造論（聖書の記述だけから天地創造を語る）
③科学的聖書的創造論（科学および聖書の両面から天地創造を語る）

の3種類だ。筆者がこれからお話しするのは、③の科学的聖書的創造論についてである。

科学的聖書的創造論を唱える科学者たちは、アメリカをはじめ、ヨーロッパ、オーストラリア、またアジアにも多くおり、日本にもいる。彼らも、インテリジェント・デザイン論者と同じく、急速に増えており、大きな影響を与えつつある。

世界各国に、この創造論を研究する科学者組織が作られているほどだ。

また最近、米国ケンタッキー州に、創造論を一般の人々に知ってもらうための博物館「クリエーション・ミュージアム」がオープンした。2007年5月のオープン後、約1年半ですでに60万人も入場しているというから、たいへんな盛況ぶりである。

しかし、科学理論を語るのに『聖書』を用いるというだけで、いかがわしいものと思う日本人は多いかもしれない。「『聖書』は古い神話が書いてある書物ではないか。それと科学とは何の関係もないではないか」と。ところが、『聖書』に次のようなことが書いてあるとしたら、どうだろうか。

『聖書』は、地球が何もない空虚《くうきょ》な宇宙空間に浮かんでいる、と述べているのだ。

さらに、地球は丸いとも述べている。

地球の地軸《ちじく》が傾いていることも、『聖書』は述べている。

また、雨が降りそそぐと、やがて川となって海に行き、その水は蒸発して雲を形成して再び雨を降らすという「水の循環《じゅんかん》」についても述べ、さらには全世界の陸地の中心地点についても述べている。

それらはすべて、よく知られた科学的事実に一致するものばかりなのだ。今から約3000年も前に記された『聖書』に、そんなことが書いてある。以下、少しそれらについて見てみよう。

空虚な宇宙空間に掛けられた地球

地球が何もない宇宙空間に浮かんでいて、目に見える何かで支えられているのではないことは、現代人ならだれでも知っていることだろう。われわれは宇宙飛行士が人工衛星から写した地球の写真を、見ることができる。

しかし古代人には、地球がそのように何もない空間に浮かんでいるとは、とうてい考えられなかった。たとえば古代インド人は、地球は3頭のゾウの背に乗っており、そのゾウはカメの上に、そのカメはコブラの上に乗っていると考えていた。

では、そのコブラを支えているものは何なのか……ということになる。

また古代エジプト人は、地球は5本の柱で支えられていると考えていた。では何がその5本の柱を支えているのか……ということになる。ところが世界でもっとも古い書物――『聖書』は、次のように述べている。

「神は……地を何もない上に掛けられる」（「ヨブ記」第26章7節　新改訳――原語に忠実に訳している）

これは、『旧約聖書』の「ヨブ記」というところに記されている言葉で、今から約3000年も前に書かれたものである。当時はもちろん人工衛星もなく、地球の外に出て地球の姿をながめることもまったく不可能な時代であった。

しかし『聖書』は初めから、地球が「何もないところ」に掛けられているのであり、目に見える何かで支えられているのではないことを、知っていたのだ。

地球は球形に造られた

さらに『聖書』は、地球は丸いと述べている。
「主は地球のはるか上に座して、地に住む者を、いなごのように見られる」（「イザヤ書」第40章22節　口語訳）
と『旧約聖書』に、書かれているが、「地球」と訳された言葉は、原語のヘブル（ヘブライ）語を直訳すると「地の円」なのである。『聖書』は、地は「円」形であって、丸いと述べている。地球ははるか上からながめると、円形に見えるからだ（新改訳聖書では「地をおおう天蓋《てんがい》」と訳し、新共同訳も似た訳し方だが、これらは訳者の解釈を入れた訳し方であって、原語通りではない。「おおう」「天蓋」などは原語にないからだ。原語に忠実な英語訳なども「地の円」と訳している。「地の円」または「地球」が適切な訳である）。

『聖書』の別のか所には、こうも書かれている。

「神が天を堅《かた》く立て、深淵《しんえん》の面《おもて》に円を描かれたとき……」（「箴言」第8章27節　新改訳）

ここで「深淵」と訳された原語は、「創世記」冒頭の第1章2節にも出てくる言葉で、原始地球をおおったという「大いなる水」をさしている。すなわち、

「地は形がなく、何もなかった。やみが大いなる水のうえにあり、神の霊は水の上を動いていた」（「創世記」第1章2節新改訳。口語訳では「やみが淵のおもてにあり……」）

の「大いなる水」と、「深淵」はヘブル原語で同じ言葉なのである。したがって「深淵の面に円を描かれた」は、原始地球をおおった「大いなる水」に関するものであって、その水平線の形が円形になるように定められた、ということを意味していることがわかる。

この「大いなる水」は、原始地球全体をおおったものだから、その水平線の形が問題にされていることは、理由のないことではない。こうして地球の形は「丸く」定められ、球形になったのである。

同じことは、『聖書』の「ヨブ記」第26章10節にも記されている。

「水のおもてに円を描いて、光とやみとの境とされた」

これもやはり、地球の創造時のことをいっているか所である。太陽が水平線の上にあると昼となり、水平線の下に沈むと夜となる。水平線は「光とやみとの境」だから、この水平線が「円」形になるように地球の形が定められた、と『聖書』は述べているわけだ。

しかし『聖書』は決して、地球は「丸くて平たいもの」だと述べているのではない。それは二次元的平面ではない。なぜなら『聖書』の「ヨブ記」第38章9節に、こう記されている。

「そのとき（地球創造の時）、わたし（神）は雲をその着物とし、黒雲をそのむつきとした」

神は地球創造の時、黒雲を地球の「むつきとした」というのである。「むつき」とは、古代ユダヤ人などが、生まれたばかりの赤ん坊の体をグルグル巻きに包む、産着《うぶぎ》のことである。神は誕生したばかりの地球に、黒雲を産着のようにグルグル巻きに包まれた、というのである。

つまり「地の円」は、単なる「円い平たいもの」ではなく、むしろ球形をさしていることがわかる。だからこそ先に引用した『聖書』の句が、

「主は地球のはるか上に座して……」（「イザヤ書」第40章22節　口語訳）

というように「地球」と訳されていることは、適訳だといっていい。このように、地球が丸く球形に造られたことについて、『聖書』が今から約３０００年も前に述べていたという事実

は、まったく驚くべきことというほかない。

地軸の傾き

『聖書』はさらに、地球の地軸の傾きについても述べている。先に、「神は……地を何もない上に掛けられる」という『聖書』「ヨブ記」第26章7節の言葉を引用したが、この句の全体は一般には次のように訳されている。

「神は北を虚空《こくう》に張り、地を何もない上に掛けられる」(新改訳)

この句の前半「神は北を虚空に張り」は、いったいどういう意味かというと、きっと意味がとれないだろう。意味がわからないのは日本語の訳がまずいからで、これは実は原語の意味を適切にとって訳すなら、

「神は北を虚空に傾け……」

という意味なのである。なぜなら、先の「張る」と訳された言葉は原語のヘブル語ではナーター(natah)であり、これは『聖書』の別のか所では「傾ける」と訳されている言葉だからだ。たとえば「水がめを傾けて私に飲ませて下さい」(「創世記」第24章14節)、「日が傾く」(「士師記」第19章8節)など。

そのほか「かたよる」「下げる」「曲がる」などとも訳されているが、これらは「傾ける」の

派生的意味である──「権力者にかたよって」（「出エジプト記」第23章2節）、「彼はその肩を下げてにない」（「創世記」第49章15節）、「右にも左にも曲がりません」（「民数」第20章17節）など。

だから、この句は「神は北を虚空に傾け……」と訳され、これは地球において「北」の方角が軌道面に垂直な方向から23・5度傾いていることを、示しているように思える。

よく知られているように、地球において春夏秋冬の四季があるのは、地軸のこの適切な傾きがあるからである。この傾きは絶妙にすぐれたものであって、「知的デザイン」の結果といってもいい。

先の「ヨブ記」の言葉はこのように、地球の地軸が傾いた状態に置かれているということも、見事にいい表しているわけである。

水の循環

ところで、今日の世界における雨について、『聖書』はこう記している。

「神は水のしずくを引き上げ、それが神の霧《きり》となって雨をしたたらせる。雨雲がこれを降らせ、人の上に豊かに注ぐ」（「ヨブ記」第36章27～29節）

実は雨について古代人は一般に、雨は上空の雲から降ってきたあと、地の上を流れ、川を経て海に至り、そののち海に入ったその水は、水平線の向こうにあると考えられていた「巨大な

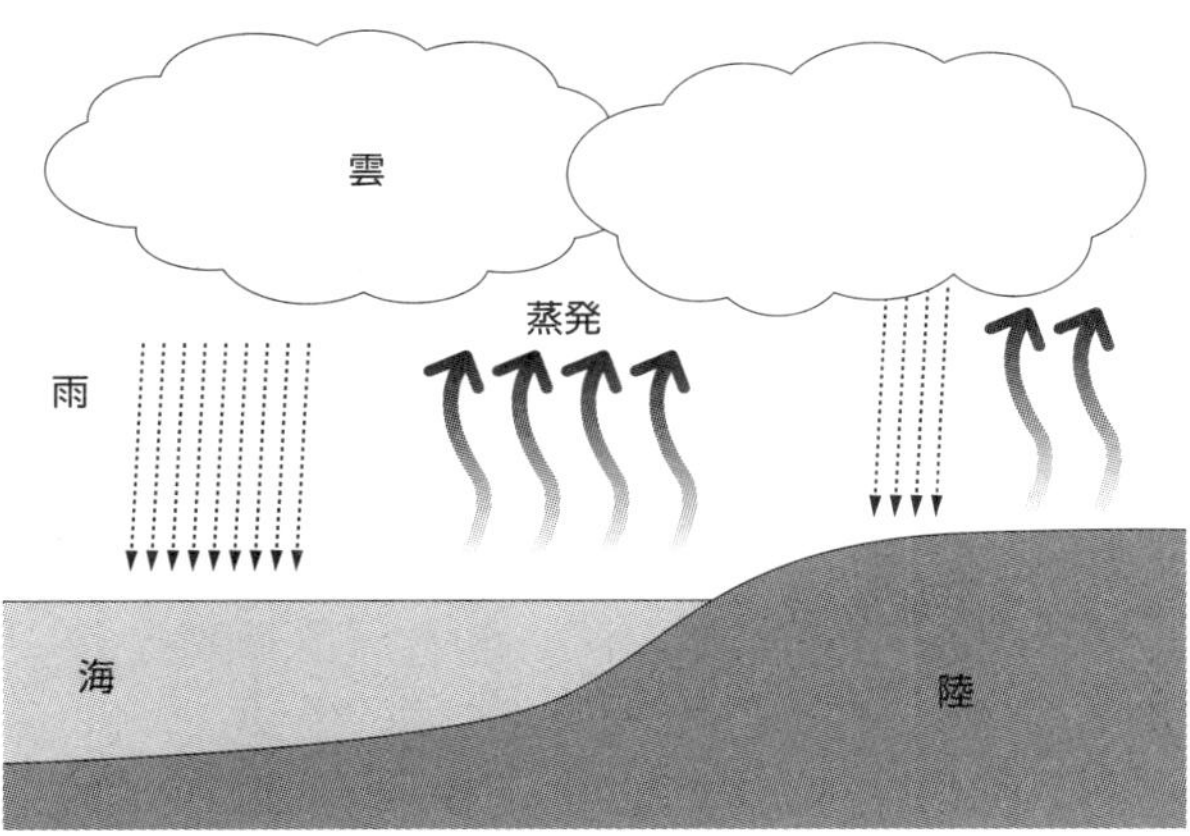

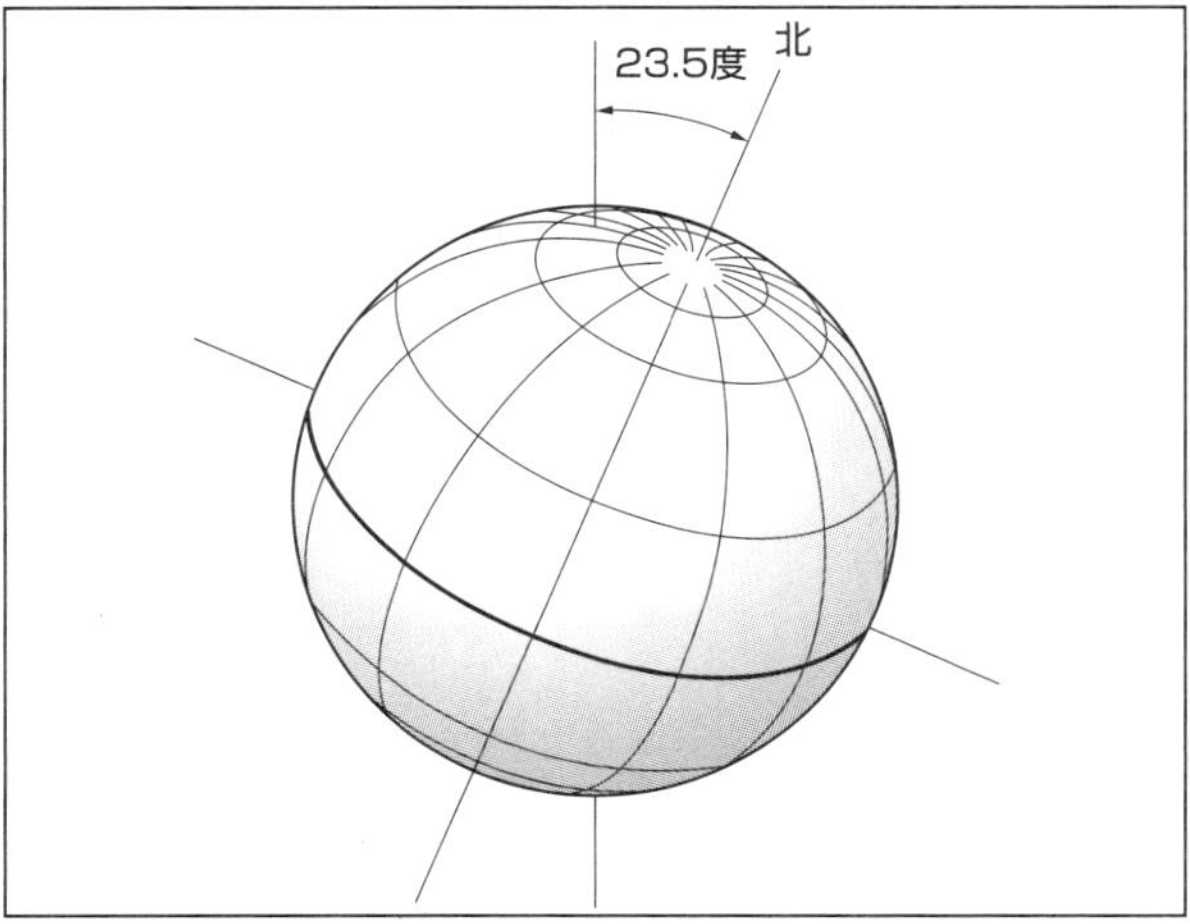

⬆（上）雨が降り、川となって海に流れこみ、蒸発《じょうはつ》して雲となって再び雨を降らす。この水の循環《じゅんかん》を『聖書』は表現していた。（下）『聖書』はまた、地球の地軸《ちじく》の傾きも述べていた。

滝」から流れ落ちていくのだ、と考えていた。

しかし現代人は、事実はそうでないことを知っている。海に入った水はそこで蒸発し、湿気を含んだ空気が生じて、雲が形成され、再び雨を降らすようになるのである。そのように水は、自然界のなかで、雲↓雨↓蒸発↓雲というように循環をしている。

ところが、『聖書』はこの「水の循環」について、

「神は水のしずくを引き上げ」（水の蒸発）

「それが……霧となって」（濃縮）

「雨をしたたらせる」（降雨）

と見事に表現していたのだ。「水の循環」が明確に表現されている。これも今から約3000年前の記述だが、『聖書』はそのときすでに、現代の科学から見ても正しい記述をしていたのである。

また、こうして水の循環により生態系が守られていることは、見事な「知的デザイン」の結果でもある。

万国の中心

次に、万国の中心、また全地の中心について見てみよう。これも驚くべきものだ。

全陸地の中心についてである。これは、現在のすべての陸地の形や位置をそのままにして、地球の球面上の陸地の中心を算出するというものだ。この研究は、アメリカの物理学者アンドリュー・J・ウッド博士を中心に行われた。

その方法は、まず全陸地を数百の細かい地域に分割する。次にひとつの分割地をとり、そこからほかのすべての分割地までの距離の総和を測る。地球儀の上で、巻き尺を用いて測るのである。そうしたことをすべての分割地に関して行って、「ほかのすべての分割地までの距離の総和が最小となるような分割地はどこか」を捜し求める。

その地域が、数学的な意味で「陸地の地理的中心」と見なすことができるからだ。地球の大陸や島などの地理は非常に入り組んでいるので、その計算にはコンピューターが用いられた。

その結果はどうだったか。全地の中心は、イスラエルからメソポタミアにかけての地域であることが判明した！

すなわちエデンの園、バベルの塔、ベツレヘム、ナザレ、エルサレムのある地域、つまり『聖書』の出来事の舞台となった地域こそ、「全地の中心」だったのだ。これは、このようにコンピューターを用いて初めてわかったことである。

もっとも、コンピューターを用いなくても、ある程度の予測はつく。たとえば、もし読者の近くに地球儀があったら、それを目の前に持ってきて、「自分の視界にもっとも多く陸地が見えるようなかたちに」地球儀の向きをかえてみてほしい。そうすればそのほぼ中心に、イスラエルの地が見えるはずだ。

この地はまた、別の意味でも全地の中心である。すなわちそこは、アジア・ヨーロッパ・アフリカの3大大陸の「接点」である。また黄色・白色・黒色人種のそれぞれが住む地域の「交点」である。

ところが、イスラエルがこのように全地の中心に位置することを、驚くべきことに『聖書』は何千年も前から知っていたのである。紀元前600年ごろに記された『旧約聖書』「エゼキエル書」第5章5節に、こう記されている。

「神である主は、こう仰《おお》せられる。『これはエルサレムだ。わたしはこれを、諸国の民の真中に置き、そのまわりを、国々で取り囲ませた』」。

同書第38章12節でも、イスラエル民族のことを、

「地の中央に住む」（口語訳）

民と呼んでいる。このように『聖書』は、人々の地理学の知識がきわめて幼稚《ようち》であった時代に、また世界地図もない時代に、イスラエルの地域が全地の中心であると述べていたのだ。それは今日、われわれが科学的な方法を用いて調査した結果と、見事に一致していた。

これも、大いなる「知的デザイン」の結果と考えてよいだろう。

⬆（上）『聖書』の舞台《ぶたい》となった地域は、全陸地の地理的中心に位置していた！（下）そこはまた、白色・黄色・黒色のそれぞれの人種の住む地域の交点でもあった。

考古学的にも『聖書』は正しい

このように『聖書』は、地球が空虚な宇宙空間に掛けられていること、地球が丸いこと、地軸が傾いていること、また水の循環、全地の中心などについて、今日の明らかな科学的知識、疑うことのできない知識から見ても、正しい記述をしていた。

いずれも、古代人の通常の知識では知り得ないことばかりだ。現代科学でようやくわかったようなことを、『聖書』は古代から正しく記述していたのである。つまり「神の視点で地球を見た」ときに初めてわかるような事柄を、『聖書』は記している。

こうしたことを知ると、『聖書』はほかの古い本とはちょっと違うのだな、と感じられるのではないかと思う。いや、実は多いに違うのである。創造論に立つ科学者たちが、なぜ『聖書』を信奉しているかという点も、ここにある。

『聖書』はまた、今日では、考古学的にも正しいことが知られている。

18世紀ごろから、人々は進化論や無神論思想の浸透《しんとう》に伴い、『聖書』は事実に基づかない作り話で、単なる教訓的な物語、あるいは神話にすぎないと考える風潮が、強くなっていた。しかし19世紀以降の考古学の発達は、その考えに大きな修正を与えたのである。

たとえば著名な考古学者ウェルネル・ケラーは、彼の考古学研究の成果を、その著『歴史としての聖書』にまとめ、その序文にこう書いている。

「正しく十分に証明された圧倒的な量の事実が、正しく利用されうる現在、18世紀以来の聖書を抹殺《まっさつ》し去ろうとした懐疑的《かいぎてき》な批評が転倒したことを思う時、私の頭の中には、次の一文が強く響きつづけている――『聖書はやはり正しい』」

また、不世出の天才といわれた考古学者W・F・オルブライトも、こう述べている。

「理性的な信仰をさまたげうるようなものは何ひとつ見出されず、個々の神学上の説を誤りと断定するものも、まったく発見されなかった。…（中略）…『聖書』の言語、その民族の生活と慣習、その歴史とその倫理的・宗教的な表象はすべて、考古学上の発見によって数倍も明確にされている」

そして、「聖書のなかの問題となっている大きな点は、全部歴史的であると証明されている」と述べている。詳細は省《はぶ》くが、世界最古の文明の発祥地はメソポタミア地方であること、最初の宗教は唯一神教であったこと、また人間の堕落《だらく》や、ソドム・ゴモラの壊滅《かいめつ》、イスラエル民族の出エジプトと、荒野放浪《あれののほうろう》、カナン攻略、そのほか『聖書』中のおもな出来事はすべて、考古学によって歴史的記述の正しさが裏づけられているだけでなく、その背景をいく倍にも明確化しているのである。

このように、われわれは『聖書』に対する見方を、もう少し改めたほうがよいに違いない。

それは実に貴重な、プライスレスな（価格のつけられない）本なのである。

科学の説明が『聖書』に近づきつつある

ある進化論者の本には、

「今日、科学の発達にともない、われわれは『聖書』に記された宇宙や地球、生命の起源を超える世界像を手にしつつある」

と書かれている。科学は『聖書』を超えたという自負である。ところが、本当は超えてはいない。というのは、科学と聖書をよく調べてみると、実際のところ現代科学は、発達すればするほど、むしろ『聖書』の記述内容に近づいてきているのだ。

たとえば、『聖書』の「創世記」第1章の万物創造に関する記述は、かつて「非科学的」といわれ、人々の潮笑《ちょうしょう》の的とされてきたものだ。ところが、今ではずいぶん事情が変わってきている。

以前は、科学上の学説が一般に原始の地球の状態や、海洋、大気、大陸などの形成の問題に関して、『聖書』の「創世記」第1章の記述を否定する傾向にあった。ところがそうした科学上の学説も、最近のさまざまな目覚ましい研究成果によって、大幅にぬり変えられるようになっているのだ。

こうした科学上の変化について、たとえば名古屋大学水圏科学研究所の北野康教授は、こう述べている。

「(地球、海洋、大気、大陸などの起源に関する研究は)科学的というよりは、むしろロマンチックなムードが強いと、数年前までは、しばしば私ども仲間はいい合ったものである。しかし近ごろは、むしろ科学的である、といいたいムードである」

このように地球、海洋、大気、大陸などの起源に関する研究は、しばらく前までは「科学的」というよりは、むしろ空想的なものに近かった。しかし最近では、かなりしっかりした科学的根拠を持つようになった。こうした科学上の発展・変遷《へんせん》とともに、これらの事柄に関する学説のかなりの部分が、『聖書』の記述内容を否定する方向よりは、実はそれに近づき、それを裏付けるような方向に向かっているのである。

たとえば、「地球はいかにして誕生したか」に関する説は今までにも多くのものが提出されてきたが、そのなかで、かつて人々の間で信じられてきたものとして、「地球は太陽から飛び散った高温の物質によってできた」という説がある。この説は、地球は初め、太陽から飛び散った高温のガス体として生を受け、それが収縮《しゅうしゅく》して「火の玉」となり、やがて冷え固まって現在の地球になった、という考えである。この説によれば、地球は灼熱《しゃくねつ》の物質をもとにしてでき、その後に冷えたわけである。

しかし、この説には多くの科学的難点があり、その後、地球は最初高温のガス体として生を受けたのではなく、もともと冷たい固体が集まって出来たものだ、という説にとって代わられた。井尻正二博士（東大）、湊正雄博士（北大）共著『地球の歴史』には、こう述べられている。

「地球の誕生にまつわるこの『火の玉・冷却《れいきゃく》』説は、サルからヒトへの進化論と同じように、いつしか人々の常識となってしまい、いまさら疑ってみる者もないありさまであった。ところが戦後になって……地球のできはじめは、冷たい固体の集まりで、その後に地球は温かくなったのだ、という地球の成因説が生まれてきた」

また、竹内均博士（東大）、上田誠也博士（東大）共著『地球の科学』には、こう書かれている。

「火の玉地球説は、１９４０年ごろから、だんだん形勢が不利になってきた。そして……（中略）……チリ・アクタ説（低温起源説）にとって代わられるようになってきたのである」

地球は、かつて高温のガス体だったのではなく、一番はじめは無数の冷たいチリ・アクタだったというこの説は、『聖書』の、

「この世の最初のちりも造られなかったとき……」（「箴言」第8章26節）

という言葉を思い起こさせる。『聖書』によれば、はじめに「最初のちり」が造られ、無数のちりが造られて、それらの「ちり」をもとに地球が造られたのである。

『聖書』は、地球は太陽から飛び散った高温物質によってできたというように、地球を太陽の

落とし子的な存在としては描いていない。地球を形成した物質は、もとは宇宙空間に創造された無数の冷たい「ちり」だったのである。

地球の誕生

では、宇宙空間に存在し始めたチリ・アクタが、どのようにして地球を形成するようになったのか。

地球の起源に関する論文で、近年、世界的な注目をあびた「松井理論」(松井孝典東京大学教授)によれば、地球は次のような過程を経て誕生したという。

まず、チリ・アクタの漠然《ばくぜん》とただよう雲であった原始太陽系は、重力のために次第に収縮《しゅうしゅく》し、偏平《へんぺい》なものになっていった。

ちょうど雪が地面に向かって静かに降り積もるように、チリ・アクタは太陽系の回転面に向かって、上下から静かに堆積《たいせき》していった。

そして、それまで雲のように広がっていた原始太陽系は、偏平な円盤形になった。そしてその堆積がある程度のところまで来ると、そこに劇的な変化が生じた。積もり積もった物質粒子の層は、突然壊れたように分割されて、数多くの塊《かたまり》と化し、そこに直径十キロ程度の無数の「微惑星《びわくせい》」が誕生した、と。

こうして誕生した無数の「微惑星」は、そののち互いに衝突《しょうとつ》を繰り返すことになる。その衝突の際に、あるものは砕《くだ》け散り、またあるものは運よく合体して、雪だるま式に大きくなっていったことであろう。そのような過程を経て、「天体」と呼べるほどまでに大きく成長したものが、地球や、そのほかの惑星だといわれているわけである。

このような惑星の成長過程は、コンピューターによるシミュレーション（模擬実験）などによって、研究されている。また、現在の月面に見られる数多くの「クレーター」や、地球にも存在するいくつもの「大隕石孔《いんせきこう》」は、微惑星衝突期のなごりであると考えられている。

微惑星の衝突・合体が盛んだったときは、おそらく衝突の際に生じるものすごい熱のために、地球の表面はどろどろに溶けて、混沌《こんとん》としていたであろう。『聖書』にも、

「山もまだ定められず、丘もまだなかった時」（「箴言」第8章25節　口語訳）

「まだ海も……なかった時」（同第8章24節　口語訳）

があった、と記されている。『聖書』も、原始地球は混沌としていたことを、示している。

「創世記」第1章2節にも、当初の地球について、

「地は形なく、むなしく」（口語訳）

あったと記されている。そのときは「山」も「丘」もまだ定められてはおらず、地球は混沌としていた。その混沌期を経て、そののち地球は形を整えていくことになる。

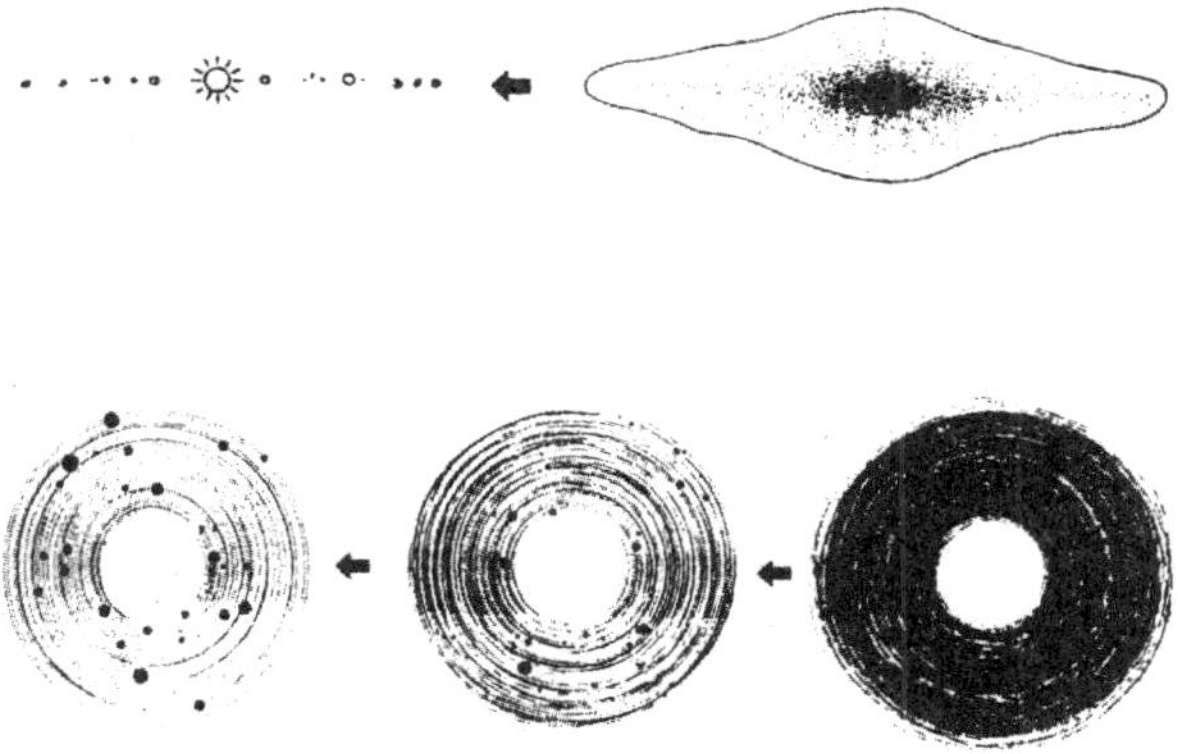

⬆（上・中）無数の微惑星《びわくせい》が衝突・合体することによって、太陽系が形成されていくシミュレーション図。（下）月のクレーター。これも実は、微惑星衝突期の名残《なごり》だといわれている。

温められた地球内部

現在の地球は、一番外側に「地殻《ちかく》」があり、その内側に「マントル」、中心に「核《かく》」というように、層構造をもっていることが知られている。地球のこの構造は、よく「ゆで卵」にたとえられる。卵の「殻《から》」が「地殻」にあたり、「白身」が「マントル」、「黄身《きみ》」が「核」にあたるわけである。

「マントル」においては、物質は長い時間をかけてゆっくり対流しているといわれ、そこのマグマ（岩石や鉱物《こうぶつ》の溶けたもの）が地上に噴きだしてきたのが、火山の熔岩《ようがん》である。

さらに「核」においては、非常な高温になっているため、鉄やニッケルなどの物質がドロドロに溶けているといわれている（ただし外核は液体だが、内核は固体）。

このように、地球は内部にいくほど高温になる。「核」においては3000度以上の温度になっている。では地球内部は、いつ、どのようにして、高温になったのか。

地球は成長し、大きくなるにつれ、中心部にいくほど重力による圧力で、物質が圧縮されるようになった。現在、地球の中心は「300万気圧」という、ものすごい圧力を受けているといわれている。

圧力を増すと、物質の温度は高くなる。読者は、自転車の空気ポンプを何回も押すと、ポン

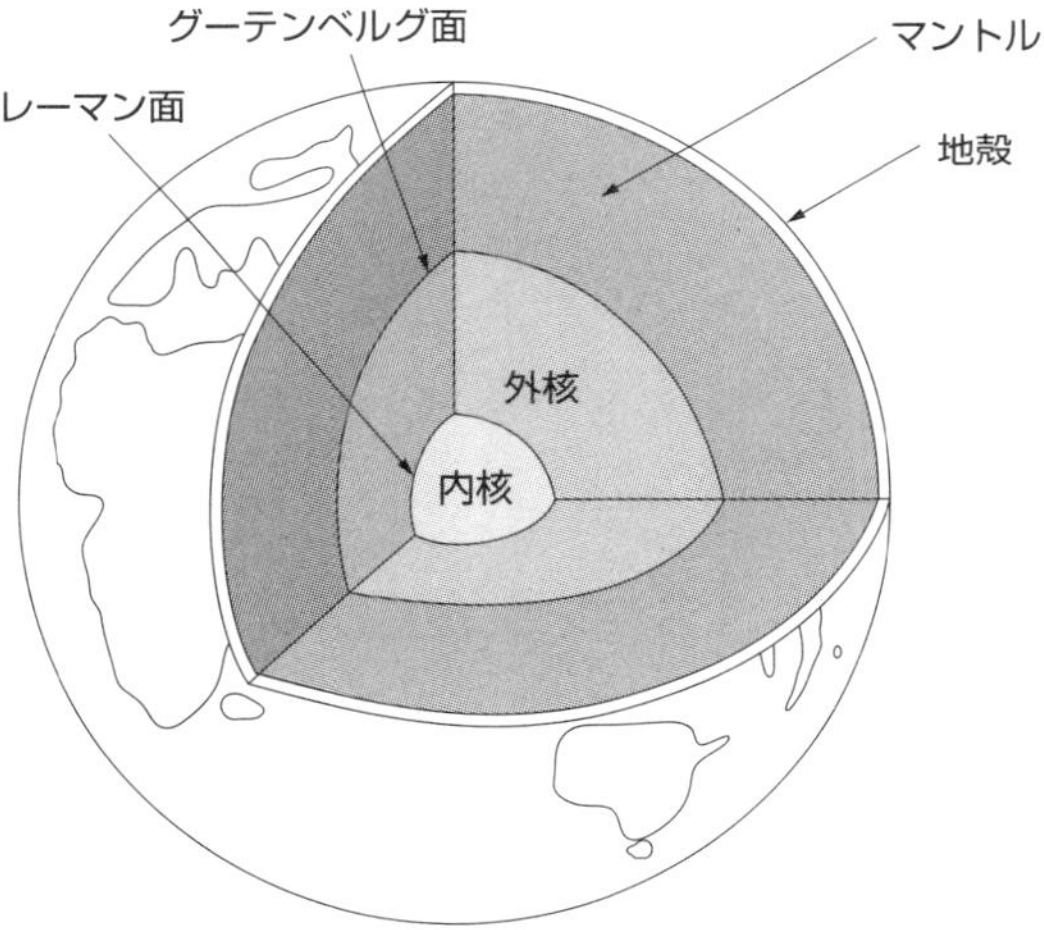

⬆（上）地球の構造。核《かく》は、地球の歴史の初期にすでに形成されていた。（下）火山噴火。地球内部にはドロドロにとけた熔岩《ようがん》がある。

プが熱くなるということを知っているであろう。これは空気が圧縮されたために、熱が発生したからである。地球の内部が熱くなったのも内部が重力のために、非常な圧力を受けるようになったというのが、ひとつの原因である。

また、地球の内部にある放射性元素《ほうしゃせいげんそ》も、地球を温めている。放射性元素は、少しずつ崩壊《ほうかい》して、ほかの元素に変わっていく。このときに熱を出すのである。創造当初、地球内部に置かれた放射性元素は、地球内部を温めつづけるのに十分なものであった。

放射性元素は、地球を温めるひとつの熱源となっている。地球の内部はこのような理由で、きわめて早いうちに温められた、と思われる。実際、東大の小嶋稔博士によると、地球の「核(コア)」は、地球の歴史のきわめて初期に、すでに形成されていた。

「大気の起源を、モデル計算した結果からは、地球コアの誕生は、地球自体の誕生のすぐあとに起こったことが推測されている」

と博士は述べている。このように地球自体の誕生のすぐあとに、核はすでに形成されていた。すなわち地球内部は極めて初期に温められたのであり、その温度上昇によって、核・マントル・地殻という層構造ができあがっていったのである。

地球は定められた大きさにまで成長し、内部には層構造ができあがり、いわば「生きている星」としての基礎《きそ》が整えられていった。こうして、

「地の基が定められた」（「箴言」第8章29節　口語訳）のである。

「水の惑星」になった地球

ある科学者は、

「地球が、ほかの惑星とまったく違う点は、液体の水がたくさんあることである」と述べている。実際、地球には非常に豊富な水が存在する。現在の地球表面の7割は海洋であり、水におおわれている。また地球上に住むわれわれ人間の体も、80パーセントは水でできていて、水は生命に欠くことができない。科学者は地球を「水の惑星」と呼んでいる。

はじめ科学においては、海の水は「長い時間をかけて徐々に増えていった」のではないかと、考えられていた。しかし今では、地球の歴史のきわめて初期に、すでに大規模な海洋が形成されていたことは確実と見られている。東大の地球物理学教授・小嶋稔博士はこう述べている。

「近年における新たな地球科学的データの多くは、現在とほぼ同様な規模の海水が、（地球の歴史のきわめて初期に）すでに存在していたことを示唆《しさ》している」

地球の歴史のきわめて初期に、すでに大規模な海洋が存在していたというこの結論は、実は『聖書』の記述と一致している。『聖書』によれば、天地創造の「第2日」には、すでに「大

空の下の水」と呼ばれる広大な海が存在していた（「創世記」第1章7節）

　この海は、『聖書』の記述によれば、当時地表の全域をおおっていた。当時の地表はなだらかだったので、十分な海水量があれば、地表全体を広大な海がおおうことが可能だったのである。このように地球の歴史のきわめて初期に、すでに現在とほぼ同様な規模の海水が存在していた。

　また以前は、誕生当時の海洋の化学的組成は現在と大きく異なっていた、と考える科学者が少なくなかった。しかし小嶋博士は、化学的組成も、誕生当時から現在に至るまでほとんど変わらなかったことを、明らかにしている。

「堆積岩《たいせきがん》（水中の溶解物質などが沈澱堆積することによってできた岩石）は、化学的組成から見て、年代のずっと新しい堆積岩と本質的な差異はまったく認められず、（初期の）海の性質が、その後現在に至るまでの海とほとんど変わらなかったことを示している」

　と述べている。

大気は「ほぼ一気に」生じた

　では、「大気」についてはどうか。

　大気は、地球の歴史のなかで徐々に増えてきたのか。それとも地球の歴史のきわめて初期に

「ほぼ一気に」生じたのか。

これについては大気も海と同様に、地球の歴史のきわめて初期に「ほぼ一気に」生じたことを示す明確な証拠が存在する。

現在の地球の大気は、78パーセントが窒素で、21パーセントが酸素である。大気の大部分は、このように窒素と酸素だが、残りの1パーセントのほとんどを、「アルゴン」という気体が占めている。そのほか、二酸化炭素、水蒸気、ヘリウム、水素なども含まれているが、これらはほんのわずかである。

アルゴンは、無色で、においもないので、われわれはふだんはその存在に気づかないが、空気中に含まれる3番目に多い気体である。このアルゴンについての研究は、大気の起源についてて重要なことを示している。

アルゴンについての最近の研究によると、アルゴンは地球史のかなり初期に、地球を形成した鉱物内部から「ほぼ一気に」生じたに違いない、ということがわかった。東大の小嶋稔博士(地球物理学教授)は、こう述べている。

「私たちはいろいろな実験結果から、地球内部(具体的にはマントル)における平均的なアルゴン同位体比の値《あたい》は、現在の時点で、少なくても5000よりは大きいだろうと推定している。こうした条件を満足するのは、地球史のかなり初期に、ほぼ一気に脱《だつ》ガス(鉱物から気体が分離すること）した場合に限られることを、計算によって示すことができる。このときの脱ガスはかなり激しいもので……」

このように、大気の一成分アルゴンは、「地球史のかなり初期に、ほぼ一気に」生じたことがわかる。

さらに小嶋博士は、この結論はアルゴンに限らず、大気のほかの成分（窒素など）についても同様にいえるとしている。

「大気の他の成分、窒素や水（水蒸気）についても、同様な結論が期待されよう。…（中略）…アルゴンの80パーセント以上を一気に脱ガスさせたような激しい過程においては、当然大気を構成しているほかの揮発性《きはっせい》物質も、程度の違いこそあれ、かなり脱ガスさせたと考えるのが妥当《だとう》であろう」

大気が地球史のかなり初期にほぼ一気に生じたというこの結論は、やはり『聖書』の記述によく一致している。

「神は大空を造り…（中略）…。第2日」（「創世記」第1章6～8節）

と書かれている。「大空」は創造「第2日」にはできあがったという。『聖書』によれば、地球の大気は、地球史のきわめて初期である創造「第2日」までに、すでに形成されていたのである。

海と大気の起源は同じ

では、海や大気は、いかにして「ほぼ一気に」生じたのか。東大の松井孝典教授によれば、海と大気の起源は同じで、両者は次のようにして誕生した。

まず、誕生したばかりの原始地球は、膨大《ぼうだい》な量の「水蒸気大気」におおわれた。この「水蒸気大気」とは、現在の大気とは大きく異なるもので、その成分のほとんどを水蒸気とする大気である。しかし現在の大気のもととなった成分の多くは、この原始の「水蒸気大気」のなかに含まれていた。

「水蒸気大気」は、微惑星の衝突・合体によって、地球が成長していく過程で生じたものである。微惑星の鉱物から抜けでた揮発性物質の大部分は、水蒸気だったからである。そうやって生じた膨大な量の水蒸気が、誕生したばかりの地球を厚くおおった。

このことは、隕石の調査結果から容易《ようい》に想像される。科学者は隕石を調べてみた結果、隕石の平均的な元素組成と、地球全体の平均的元素組成は同じであることを、見出した。つまり、隕石も地球ももとは同じもの、ということである。

また「隕石」というと、固くて、一見とても水を含んでいるようには見えないが、よく調べてみると、鉱物に取りこまれたかたちで、しばしば若干の水分を含んでいることがわかる。質量にして平均0・1パーセント前後の水を含んでいる。意外にも隕石は「水っぽい」のだ。

この数値は、実は地球（表面と内部）に存在する水の総量の、地球全体の質量に対するパーセンテージにほぼ等しいことが、わかっている。つまり、地球はもともとこうした隕石、またはもっと巨大な隕石ともいえる「微惑星」が寄り集まってできたものではないか、という考えに到る。

先ほど述べたように、微惑星が衝突・合体を繰り返して地球を形成したのだとすれば、その衝突熱のために、微惑星の鉱物に取りこまれていた水分は蒸発して解き放たれたであろう。それは原始地球の表面に、膨大な「水蒸気大気」を形成したはずである。松井博士は述べている。「水が（鉱物からの揮発性物質の）80パーセント以上を占めるので、原始地球の大気は水蒸気でできた大気といってもいい」

松井教授の計算によると、このとき原始地球の表面に形成された水蒸気大気の総量は、約1・9×10の21乗キロと算出された。この数値は、実は現在の地球表面にある水の総量――そのほとんどは海だが――に、ほぼ等しいのである（地球表面近くにある水の総量は、1・5×10の21乗キロ）。

すなわち、現在は海洋として地表に存在している水は、もとはといえば、原始地球においては「水蒸気大気」であったことがわかる。原始地球は、膨大な量の水蒸気を主成分とする大気

⬆原始の地球は膨大《ぼうだい》な量の水蒸気からなる水蒸気大気に覆《おお》われていたが、やがて上空の水蒸気層、大空（大気）、海洋の３つに分かれた。

におおわれた。そして、この水蒸気大気の大半は、のちに冷えてその水蒸気成分が地上に降り注ぎ、広大な海洋を形成したわけである。

すなわち、まず水蒸気大気が存在し、それがのちに分離して、（窒素やアルゴン等からなる）大気と、その下の海洋とになった。このことは、実は『聖書』の記述によく一致している。『聖書』によれば、地球はできはじめのころに、「大いなる水」におおわれていたのだ。

「初めに、神が天と地を創造した（別訳「神が天と地を創造し始めたとき」）地は形がなく、何もなかった。やみが大いなる水の上にあり……」（「創世記」第1章1～2節）

原始地球をおおったこの「大いなる水」こそ、「水蒸気大気」に違いない。『聖書』によれば、この水蒸気大気から、大空と、その下の海洋とが生まれた。

「ついで神は『大空よ。水の間にあれ。水と水との間に区別があるように』と仰せられた。こうして神は、大空を造り、大空の下にある水と、大空の上にある水とを区別された。…（中略）…第二日」（「創世記」第1章6～8節）

「大空の上の水」が何であるかについては後述する。が、「大空の下にある水」は海洋を意味している。そして「大空」は大気である。『聖書』によれば、まず「大いなる水」が存在し、のちにそれが「大空の上の水」、「大空（大気）」、「大空の下の水（海洋）」とに分離したのである。

つまり現在の大気と海洋は、原始に存在した「大いなる水」が分離した結果生じたものである。このことは、原始に存在した膨大な量の「水蒸気大気」から、現在のような大気と海洋とが生まれた、という現代科学の結論とよく一致している。

このようにして、地球の歴史のきわめて初期に、すでに地球をおおう厚い大気と、現在の規模に近い大量の海水が存在するようになった。

ただし今日も、火山ガスや温泉は、大気や地表の水の量を、わずかずつだが増やしている。たとえば、よく知られているように火山口から放出されるガスは、その大部分が水蒸気である。また海底のいたるところに、高温水を吹き出している海底火山が存在する。

つまり海の水は、もとはといえば微惑星の鉱物、あるいは地球にとりこまれた鉱物に含まれていた水が、内部から解き放たれて出てきたものである。『聖書』にも、

「海の水がふき出て、胎内《たいない》から流れ出た」（「ヨブ記」第38章8節）

と記されている。『聖書』も、水は、地球を形成した鉱物の「胎内」から出てきたものであることを示しているのである。

大陸は海のなかから現れた

次に、大陸はいつ、どのようにしてできたのかということを見てみよう。大陸の形成については、「陸が先か、海が先か」という問題がある。つまり、「地球の表面には、もともとかなり

の起伏があって、水蒸気大気が大雨となって落下したとき、水は低い所にたまって海を形成し、残った高所の部分が陸地となった」と考えることができるか。つまり陸が先か。それとも、「海は、かつて地表の全域をおおっていて、のちに海底が盛り上がって、海面上に現われた所が陸地となった」と考えるのが正しいか。つまり海が先か。

前者によれば、現在の大陸は海ができる前から存在していたものであり、後者によれば、大陸は海ができて後に海のなかから現われたもの、ということになる。この問題について、井尻正二、湊正雄共著『地球の歴史』には、こう記されている。

「大陸には、海洋の謎を解く、幾多の秘密がかくされている。というのは、大陸はかつての海洋以外の何物でもないからである」

大陸は、かつては海の底だったのである。つまり海が先だ。同書はさらに次のように述べている。

「一つの造山運動がおこるためには、その場所がながいあいだ海になっていて、底深く海底が沈降し、その場所に泥や砂やれきが数千メートル、ときには数万メートルもたまることが、欠くことのできない条件になっている。こうした海域は……つづく地質時代に激しく盛り上がって褶曲《しゅうきょく》の場となり……そのあとは、この盛り上がった地域は、造山作用の舞台となることのない安定した地塊、つまり大陸塊《かい》（安定地塊）になるのである」

すなわち大陸は、かつて海であったところが地球内部の物質の対流などの影響を受けて、海底が盛りあがり、海面の上に現れたものだと考えられているわけである。

『聖書』によれば、やはり、大陸は海のなかから上昇して現れたものである。

「創世記」第1章の記述によると、地球ができたばかりのときには、まだ大陸はなく、地球の表面全体を、海がおおっていた。そしてその後、創造「第3日」に、海のなかから大陸が現れたのである。

「神は『天の下の水は一所に集まれ。かわいた所が現れよ』。するとそのようになった。神は、かわいた所を地と名づけ、水の集まった所を海と名づけられた」（「創世記」第1章9～10節）と記されている。まず海があった。そしてそののち大陸は隆起して海面の上に現れ、「かわいた所」となった。そのため低地となった地に水が集まり、こうして陸と海との分離がなされたのである。

このように『聖書』によれば、明らかに大陸は海のなかから現れたものであり、海の水およびその下の地球内部の物質の動きの影響などを受けて、上昇して現れたものと理解される。『新約聖書』「ペテロの第2の手紙」第3章5節にも述べられているように、

「地（大陸）は…（中略）…水から出て、水によって成った」

のである。

酸素が生じた

われわれ人間にとって、酸素は欠かせない。酸素がなければ、人間も動物も生息できない。地球の大気には、遊離《ゆうり》状態にある酸素が約21パーセント含まれている。この酸素は、どのようにして生じたのか。

科学者らは、地球の大気は初めは酸素を含んでいなかったと考えている。先に、大気は微惑星や地球内部からの「脱ガス」によって生じたと述べたが、微惑星（隕石）を調べても、そのなかに酸素はほとんど含まれていないのである。

また、太陽系のほかの惑星である金星、火星、木星、土星、天王星、海王星などは、多少なりとも大気を持っているが、これらの惑星の大気は、酸素を含んでいない。

酸素は、大気のほかの成分と違って、微惑星や地球内部から生じたのではなく、ほかのところから生じた。竹内均、都城秋穂共著『地球の歴史』には、こう記されている。

「注意すべきことは、この大気（原始の大気）のなかには、酸素（化合していない酸素）が実際上なかったことである…（中略）…酸素は、地球上に植物が出現して、光合成作用を営《いとな》むようになって後に、多量に生じたものなのだ。その点で、大気中の他の成分とは、全く起源が異なっている」

このように両博士によれば、地球の大気に多量に含まれる酸素は「植物起源」であり、われわれが酸素を吸うことができるのは、実に植物のおかげである。『聖書』によれば、創造第2日に大気が造られ、第3日には陸地が造られた。そしてその陸地と海底に、植物が創造されたのである。

「神が『地（地表）は植物、種を生じる草、種類にしたがって、その中に種のある実を結ぶ果樹を地の上に芽生えさせよ』と仰せられると、そのようになった」（「創世記」第1章11節）

植物には、二酸化炭素を吸収し、酸素を放出する働きがある。植物による酸素の放出は、創造の第3日に植物が創造されたときに始まった。こうして、大気中に酸素が多量に存在するようになったのである。

また植物自体は、さまざまな有機物質から成り立っているため、のちに動物や人間が食べる食物として、ふさわしいものだった。動物や人間が生息できるための条件は、このようにして整えられていったのである。

すべては生態系のために「知的にデザイン」されていったのだ。

大気は、きわめて初期に現在の大気と同じような成分を持つようになった

1953年のことだ。生命の起源に関する有名な実験が、アメリカのS・ミラーによって行われた。

彼は、メタンガス、アンモニアガス、水蒸気、水素ガスなどの気体を混ぜ合わせて、これに放電を続けたところ、数日後にはアミノ酸や脂肪酸《しぼうさん》が合成されたと報告したのだ。ロシアでもその合成が追試《ついし》され、その実験結果が正しいことが認められた。

このように無機物のなかから、生命にとって基本的な有機物質が合成されたということで、生命の起源について研究している人々の間に、大きな反響を巻き起こした。そしてこのことから、生命が誕生したころの地球大気は、メタンガス、アンモニアガス、水素ガスなどを豊富に含む大気であった、という主張が生まれた。

このような成分からなる大気を、科学者は「還元型大気《かんげんがた》」と呼んでいる。また「生命が誕生したころの原始大気は、還元型大気であった」とする説は、「還元型大気説」と呼ばれる。しかし、このような成分の大気は、現在の大気とはおよそ異なるものである。

現在の大気は、窒素、二酸化炭素、水蒸気、また酸素、アルゴンなどから成っており、こうした大気は「酸化型大気」と呼ばれる。

還元型大気説をとる人々は、大気は時代とともに、現在のような酸化型大気に移り変わってきたと、考えているのである。

しかし、生命が誕生したころの大気が「還元型」であったか、あるいは当初から「酸化型」であったかという問題は、科学者の間で大きな議論の的となった。名古屋大学水圏科学研究所の北野康教授は、そのことについてこう述べている。

「アメリカなど（の進化論に立つ人々のなか）には、依然として還元型大気説を支持する人も多い。生命の起源を研究している日本人を含めた生物学者の多くは、還元型大気説をとっている人が多いように、見うけられる。その理由は、二酸化炭素、窒素、水蒸気のような酸化型の系からは、アミノ酸の合成が大変困難だからというようである」

このように、「生物が無機物から進化によって生じた」という考えに立つ人の多くは、生命が誕生したころの原始大気が還元的であったという考えに、固執《こしつ》したがる傾向がある。しかしその証拠は薄弱《はくじゃく》である。

実際、北野教授はこう述べている。

「私を含めた松尾禎士、清水幹夫、小嶋稔、そしてさらに江上不二夫らの日本の物理、化学を背景に持つ科学者の多くは…（中略）…酸化型大気説を支持する」

教授はこう述べて、生命が誕生したころの原始大気は還元型ではなく、酸化型であったことを支持する有力な証拠を、いくつか提示している。

たとえば、最古の部類に属《ぞく》する岩石から「石灰石」が発見されたことにより、原始大気中に二酸化炭素が存在していたことが、確認されている。「石灰石」は二酸化炭素がないとできない。またそのほか、さまざまな理論的考察が、大気が酸化型であったことを支持している。生命が誕生したころの大気は、現在の大気と同様、酸化型であったと考えたほうが無理がないのだ。

『聖書』の記述からも、生命が誕生したころの原始大気が、還元型であったとはとうてい考えられない。さまざまな科学的証拠は、「大気の成分は、きわめて早いうちに現在の大気の成分と同じようなものになった」という考えを支持しているのである。

第6章

創造論の鍵を握る ノアの大洪水

大洪水以前には上空に水蒸気層があった

われわれは前章で、原始地球は膨大《ぼうだい》な量の「水蒸気大気」におおわれていたことを見た。

この「水蒸気大気」は、現在の大気の成分である窒素《ちっそ》やアルゴンなども含むが、それに加えて膨大な量の水蒸気を含むものだった。これら水蒸気、窒素、アルゴン等は、地球を形成した鉱物からの「脱《だつ》ガス」によって生じたものである。

先に述べたように原始地球をおおったこの「水蒸気大気」こそ、『聖書』の「創世記」第1章2節でいわれている原始地球の「大いなる水」であろう。

「はじめに神が天と地を創造した。地は形がなく、何もなかった。やみが大いなる水の上にあり、神の霊は水の上を動いていた」（「創世記」第1章1～2節　新改訳）

この水蒸気大気すなわち「大いなる水」は、『聖書』によれば創造第2日になって、「大空の上の水」「大空」「大空の下の水」の3つに分かれた。

「神は『大空よ。水の間にあれ。水と水との間に区別があるように』と仰せられた。こうして神は大空を造り、大空の下にある水と、大空の上にある水とを区別された。するとそのようになった。……第二日」（「創世記」第1章6～8節）

最初にあった「大いなる水」（水蒸気大気）は、こうして「大空の上の水」「大空」「大空の下の水」の3つに分離した。「大空」は大気、「大空の下の水」は海洋のことである。では「大空の上の水」とは何か。

先に、科学者や知識人のなかに、進化論ではなく「創造論」を支持する人々が世界的に増えていると述べたが、彼ら創造論者の多くは、「大空の上の水」とは、ノアの大洪水以前の地球の上空に存在していた「水蒸気層（water vapor canopy）」のことだと考えている。

現代の創造論の開拓的人物として知られる米国ミネソタ大学の水力学教授ヘンリー・M・モリス博士は、こう述べている。

「上の水は、現在空中に浮かんでいる雲とは異なります。『聖書』は、大空の上にあったといっています。…（中略）…『大空の上の水』は（地球の上空に）広大な水蒸気層を形成し、さらに空間へと広がっていたことでしょう」

昔、地球の上空に、膨大な量の水蒸気からなる「水蒸気層」が存在していたというのだ。そしてこの水蒸気層が、ノアの時代になって「40日40夜」の大雨となり、世界に大洪水をもたらすものとなったと彼は考えた。

「ノアの大洪水」については後述するが、創造論者はこの大洪水は事実、過去の地球に起こったものであると考えている。多くの科学的証拠は、地球の過去に、『聖書』に記されたような世界的大洪水と見られる激変があったことを物語っているのである。

さて創造論にとって、かつて地球の上空にあったとされるこの「水蒸気層」の考えは、ひとつの重要な概念《がいねん》とされた。というのは、これから見ていくように水蒸気層の考えにより、かつて地球の歴史のなかで謎とされていた多くの事柄が、明快に解明されるようになったからである。

上空の水蒸気層は無色透明

創造第1日の「大いなる水」と呼ばれた水蒸気大気は、創造第2日になって、「水蒸気層」、「大空（大気）」、「海洋」の3つに分かれた。つまり、『聖書』によれば原初の水蒸気大気は、その水蒸気成分のすべてが落下して海洋となったわけではなく、一部は地球上空に残って、「水蒸気層」になった。

「水蒸気」というと、読者のなかには「白いものだ」と思う人もいるかもしれない。やかんから出る白い湯気《ゆげ》などを思い起こして、水蒸気は白いものだと思う人もいる。しかし、やかんから出る白い湯気は、実は水蒸気が外気にふれて冷え、小さな水滴《すいてき》に戻ったものが白く見えているものだ。それは気体状態の水蒸気ではなく、小さな水滴に戻った液体状態の水である。

水蒸気と呼ばれる気体は、無色透明である。たとえば、鍋《なべ》に水を入れてそれを沸騰《ふっとう》させると、鍋の底から無色透明の気泡がぶくぶく発生するのを見る。あれが水蒸気である。

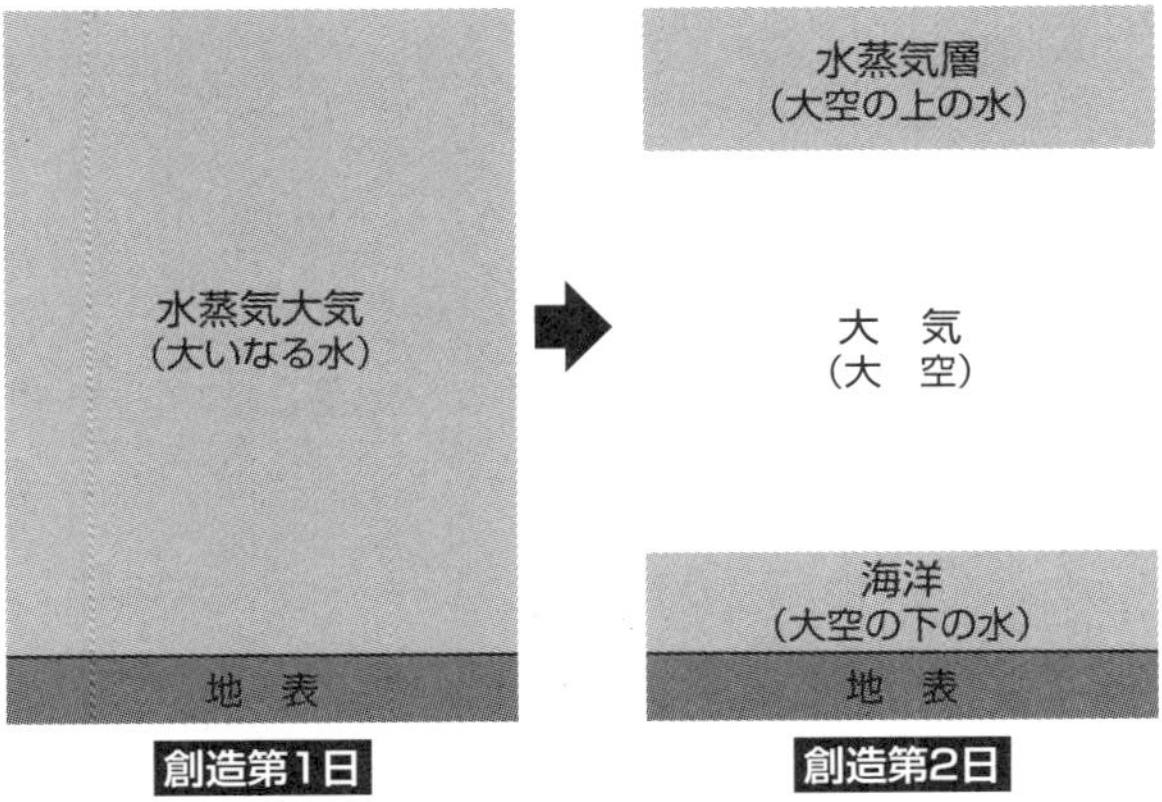

⬆『聖書』によれば、地球の水蒸気大気が3つに分離したのは、創造2日目のことだとされている。
⬅水蒸気層の考えを述べた、ヘンリー・M・モリス博士。

このように水蒸気は無色透明だから、かつて地球上空にあったとされる水蒸気層は、太陽からの可視光線《かし》をよく通し、地上にサンサンと光を届けていた。また水蒸気は空気より軽いので、水蒸気層は上空に安定して存在していることが可能だった。

では、ノアの大洪水以前の地球の上空に実際に水蒸気層が存在したという、何らかの科学的証拠は存在するのか。

存在する。そのひとつのよい例は、空飛ぶ爬虫類《はちゅうるい》プテラノドンの化石だろう。プテラノドンの化石のなかには、翼を広げると、その幅が6メートル、あるいは大きいものでは10メートルを越えるものさえある。古代世界においては、そのような大きな動物も空を飛ぶことができた。

ところが、このように大きな動物は、現在の1気圧（1013ヘクトパスカル）の大気圧のもとでは、とうてい飛ぶことができないのだ。現在の大気圧のもとでは、翼の幅がせいぜい5メートル前後が限度なのである。それ以上大きくて重い動物になると、よほど強い風でもない限り飛行は困難になり、とくに平地から飛び立つことは不可能といえる状態になる。

では古代世界において、なぜ翼の幅が10メートルもある巨大なプテラノドンが、飛ぶことができたのか。それは当時の大気圧が現在よりも高く、約2倍あったからなのである。創造論に立つある科学者の試算《しさん》によると、ノアの大洪水以前は、上空にあった水蒸気層のために地表の気圧は現在よりも高く、約2・2気圧あった。それでプテラノドンのような巨大で重い動物も、ゆうゆうと空を飛ぶことができたのである。

過去の地球は暖かかったという事実も、水蒸気層を示す

また「過去の地球は緯度《いど》の高低にかかわらず温暖だった」というよく知られた事実も、上空の水蒸気層の存在を示している。上空の水蒸気層は、地球全体をちょうどビニールハウスの中のように、温暖にしていたのである。

今は氷に閉ざされている南極大陸にも、「延々と続く石炭層」が発見されている。北極圏にも、同様に石炭層が発見されている。石炭は、植物の死骸《しがい》でできたものである。だから石炭層の存在は、今は極寒《ごっかん》の両極地方もかつては植物が生い茂っていた温暖の地だったことを雄弁《ゆうべん》に物語っているわけである。

また、サンゴの化石が南極、および北極付近で発見される。サンゴは、セ氏20度以上の水温がないと生育できない。つまり今は極寒のこの地方も、昔はたいへん温暖だったことがわかる。過去の地球が温暖だったということは、地球史上、疑い得ない事実なのである。

読者のなかには、「これはもしかすると、当時の太陽が今よりも明るかったからではないだろうか」と思う人もいるかもしれない。ところが、過去の太陽は現在よりも若干暗かったことが、科学的に知られている。現在、太陽はしだいに明るくなる途上にあるのであって、過去の

太陽は今より暗い状態にあった。昔、太陽は暗かったのに、地球の表面は暖かかった――進化論者はこの謎に、いまだに首をかしげている。

進化論者はまた、両極地方が昔暖かかった理由として、今は極地となっている地方も昔は大陸移動によって別のところにあったからではないかという。しかしこうした考えだけでは、証拠の数々をよく説明できない。なぜなら、たとえば「古生代」とされている木には、ほとんど年輪がないのである。山形大学で教鞭《きょうべん》をとっていた月岡世光講師（創造論者）は、

「（過去の地球においては冬と夏の）寒暖の差がなかったからで、1年中温暖だった証拠である」

と述べている。また現在は暖かい地方にしか住まない動物の遺骸《いがい》が、実際には地球上いたるところで見出される。温暖な気候を必要とするはずの恐竜や、そのほかの変温動物の遺体が、世界中どこでも発見されるのである。フランスの学者アンリ・デキュジは、こう述べている。

「（地球はかつて）緯度の高低にかかわらず、一様に温暖、湿潤な気候下にあった。……島々と大陸には、間断なく生長する巨大な樹木が茂った。……当時、夏と冬の気温の変化は少なかったのである。グリーンランドの北緯70度地帯でイチジクの木が発掘され、シベリヤでシュロの木が掘り出されている」

当時の地球は、冬と夏の寒暖の差があまりなかっただけでなく、緯度の高低にかかわらず一様に温暖で、湿潤《しつじゅん》な気候下にあったのである。進化論者は、これがなぜなのかを説明できな

い。しかし、創造論に立つ科学者がいうように、当時の地球の上空に水蒸気層が存在していたとすれば、どうなるか。説明はきわめて単純、明快になる。

上空にあった水蒸気層は、全世界を覆い、地球全体をちょうどビニールハウスの中のように温暖にしていたのだ！ それで当時の地球は、緯度の高低にかかわらず、また年間を通じて温暖だったのである。

それによって当時の地球は、全世界的に植物がよく茂っていた。実際、当時は大気中の酸素濃度が今よりも高かったことがわかっている。

アメリカの地質学者ランディスは、太古の琥珀《こはく》のなかに閉じこめられた気泡《きほう》の空気を調べた。「琥珀」というのは、おおむね黄色を帯びた蜂蜜《はちみつ》のような色をしていて、美しいので装身《そうしん》具《ぐ》にも使われるが、これは太古の樹木のヤニの化石である。

琥珀のなかに、しばしば昔の空気が気泡として閉じこめられていることがある。琥珀はまた、外部との遮断性《しゃだんせい》にすぐれ、内部の気泡から空気がもれたり、外部のものがなかに入ったりすることはない。そこで琥珀の気泡中の空気を調べてみると、昔の空気の状態がわかる。その結果、太古の大気中の酸素濃度は、約30パーセントもあったことがわかった。

これは現在の酸素濃度21パーセントに比べ、かなり高い数値である。当時は全世界が暖かく、どこにおいても植物が繁茂《はんも》していたので、大気中の酸素濃度がこのように高かったのである。

これらの事実は、単なる大陸移動の考えで説明できるものではない。

これはただ、上空の水蒸気層という考えによってよく説明されるのである。水蒸気層は、実によく「知的にデザイン」されたものだったのだ。

水蒸気層はなぜ上空に存在できたか

今日の大気を見てみると、地表から上空にいくにしたがって、しだいに気温が低くなる。高い山に登ると寒くなることは、だれでも経験したことがあるだろう。100メートル上がるごとに約0・6度、気温が下がる。

しかし、温度の下降も高さ10キロぐらいまでである。20キロ以上になると、今度は逆に気温が上昇する。これは上空にあるオゾン層の熱のためである。20キロ~70キロくらいのところの大気は、その上下よりも気温がずいぶん高くなっている。オゾン層がその付近の大気の温度を押し上げる効果は、大きいところでは80度くらいもある。

オゾン層の上にいくと、気温は再び下降する。しかし約130キロ以上の高度になると、また上昇に転じる。セ氏100度を越え、高いところでは1000度以上にも達する。これは「熱圏」と呼ばれている。大気というのは、このように高さによって思いのほか複雑な構造になっているのである。

ノアの大洪水以前の地球は、上空に厚い水蒸気の層があったから、それによる気圧をも加えて、当時の地表における気圧は現在よりも高かった。また大気全体の構造も、現在とはかなり異なるものになっていた。

つまり今日の大気の構造を、そのままノアの大洪水以前の大気の構造に当てはめて考えることはできない。当時は上空の水蒸気層の存在により、その下の大気全体が押し下げられ、別の大気構造を形成していたはずである。

また地球を照らす太陽光線は、この水蒸気層を通して地表に注がれていた。太陽光線は単に可視《かし》光線だけでなく、紫外線《しがいせん》や赤外線、そのほか幅広い波長の電磁波《でんじは》なども含んでいる。水蒸気は、可視光線はよく通過させるが、赤外線をよく吸収する。だから大気上部にあった水蒸気層は、太陽からの赤外線エネルギーをよく吸収し、その分、高い温度に押しあげられていた。

一方、水蒸気は、紫外線はそれほど吸収しない。したがって、紫外線の大半は水蒸気層を通過し、水蒸気層の中・下部あたりに厚いオゾン層を形成していたはずである。

オゾンというのは、酸素原子3つが結合したもので、太陽からの紫外線の解離《かいり》作用によって生成された酸素原子と、空気中の酸素分子とが結合してできる。このときに熱を出す。オゾン層のこの熱によって、その付近の大気の温度は大きく上昇する。

また先に述べたように、大洪水以前の大気中の酸素濃度は今よりも高かったから、オゾンのもととなる酸素は上空に至るまでたくさん存在していた。こうして上空に形成された厚いオゾン層の熱により、水蒸気層も高い温度に保たれ、水蒸気状態を維持《いじ》していたことだろう。

また水蒸気層の水蒸気は、宇宙から来る紫外線により水素と酸素に多少分解することはあったが、分解してできた酸素原子が再び3つ結合し、層内には新たなオゾンも形成されていた。このオゾンは、水蒸気層の温度を引きあげていた。

またオゾンにより、太陽から来る紫外線のほとんどは、そこでほとんどシャットアウトされていただろう。紫外線は生物には有害である。有害な紫外線は、オゾン層のおかげでほとんど地表に達することがなかった。今以上に少なく、ほぼ皆無《かいむ》だったであろう。

オゾン層は、生物の生存のために非常に好適《こうてき》な環境を作りだしていた。また当時の上空にあった水蒸気層は、全世界を温暖な地とし、快適な環境を作りだしていたのである。ここにも、偉大な「知的デザイン」が存在していた。

ハイドロプレート理論

この「水蒸気層」は、のちのノアの時代に、大洪水のもととなる大雨を降らしたものである。

さらに、大洪水のもととなった水は、上の水蒸気層からきただけでなく、下からもやって来たと考えられている。地下からやってきたのである。

というのは、火山口から出る火山ガスを調べてみるとわかるが、火山ガスの大半は水蒸気である。火山ガスは、地球の地殻の下の「マントル」内の溶岩からきたものだ。ということは、マントルには今も非常に多くの水が、鉱物内に取りこまれた形で存在していることになる。ましてや大洪水前の地球内部のマントルには、膨大な量の水が存在していたことだろう。またそれにより、地殻中にも、非常に多くの地下水が存在していたに違いない。実は、大洪水以前の地殻中には、現在とは比べものにならないほど膨大な量の地下水（現在の海水の半分程度の量）が存在していた、と考えられているのだ。

これは「ハイドロプレート（Hydroplate）」理論と呼ばれ、アメリカ空軍大学助教授のウォルト・ブラウン博士（MIT卒）が唱えているものである。

その理論によると、この地下水は、地殻中の連結した空間にたまっていた。つまり厚さ約800メートルの薄い球状の殻《から》のようになって、地下約16キロあたりのところで、地球をおおっていたという。

大陸は、膨大な量の地下水の上に乗っていたというのだ。この地下水の圧力は、次第に増し、ちょうど風船がふくらむように、徐々に地球の表面の層を伸ばしていった。やがて地表に発生した小さな亀裂《きれつ》は、秒速5キロの早さで伸びはじめた。抵抗《ていこう》の小さい地表を通ったこの亀裂は、約2時間後には地球を1周したと推測される。

この亀裂が伸びていく過程で、地上の岩の表面が口を開き、布の裂《さ》け目のように現れた。すると地下水は、その上にあった約16キロにも及ぶ岩石層の重みで、強い圧力を受けて勢いよく裂け目から噴きだす。それは超音速の早さで地上約32キロの高さまで、ほとばしり出たであろう。

それは、われわれが目にしたことのないような巨大な噴水である。これは、たとえば地下にある水道管の破裂によって、マンホールから勢いよく水が噴きあげる光景にも似ている。私たちはときどき、ニュースでそうした出来事を目にするが、それをもっと巨大にしたような光景である。

地表の裂け目から噴きあがるこの巨大な噴水は、そののち猛烈《もうれつ》なしぶきとなり、それが激しい大雨となって全世界に降った——何日にもわたって。こうして膨大な量の地下水は地表に解き放たれ、全世界は大洪水におおわれたのだという。

またブラウン博士の考えによると、亀裂はしだいに幅を広げていき、ついには地下の岩石層が地表にはじきあげられるようになった。そうやってできたのが環《かん》太平洋山系であろうという。

このように、大洪水をもたらした水は、地下からもやってきたに違いない。地表の広範囲にできた裂け目から噴出した地下水が、巨大な噴水となり、そのしぶきが大雨となって大洪水を

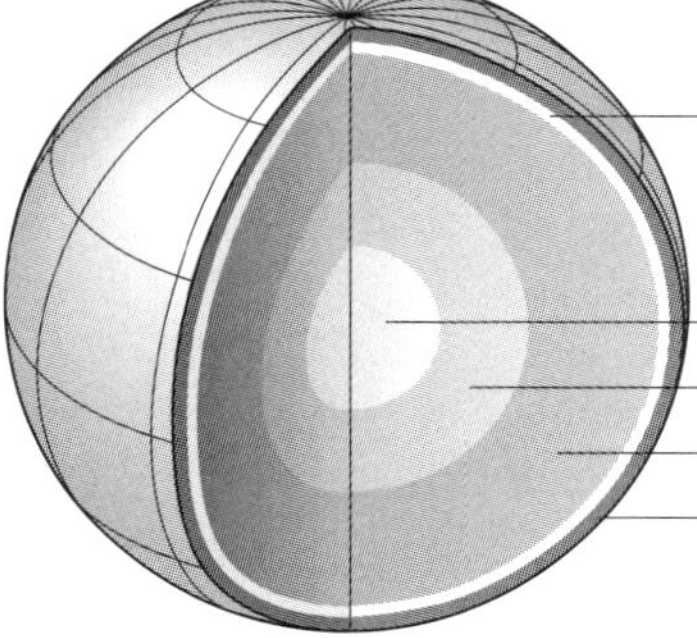

⬆ハイドロプレート理論による地球内部の図。この説では、地底にはかつて膨大な量の水が蓄《たくわ》えられていたとされる。
⬅ハイドロプレート理論の提唱《ていしょう》者《しゃ》である、アメリカ空軍大学助教授のウォルト・ブラウン博士。

起こしたのだ。

大洪水以前は泉が豊富だった

なぜ、このような巨大な噴水が生じたのか、それをもう少し見てみよう。

『聖書』によれば、大洪水以前の地球においては地下水が多く、泉が多かった。たとえばエデンの園について記した『聖書』の「創世記」第2章6節は、原語を直訳すると、

「地から地下水がわきあがって、土の全面を潤《うるお》していた」

である（新改訳脚注参照）。当時は地下に、大量の「地下水」が存在していたと『聖書』はいう。

実際それはエデンの園の一部において巨大な泉となってわきあがり、大河を形成していたほどだったという。

「一つの川が、この園を潤すため、エデンから出ており、そこから分かれて四つの源となっていた。第一のものはピションで、それはハビラの全土を流れ……第二の川の名はギホンで、クシュの全土を巡って流れ……第三の川の名はヒデケルで、それはアシュルの東を流れる。第四の川、それはユーフラテスである」（「創世記」第2章10～14節）

エデンにあふれ出た膨大な地下水は、大河を形成していた。ちょろちょろ湧き水が出るという程度ではない。4つもの大河になって分かれ出るほどに、大量の水が地下からわき出ていた

のだ。

エデンの園は、今日のイラクあたりにあったものだといわれている。実際イラクにいくと、「ここが昔、エデンだったところです」という場所がある。またイラクには今日、チグリス・ユーフラテス河という大河が流れている。

しかし後に述べるように、大洪水以前の地表の状況、つまり大陸の形などは今日とは大きく異なっていた。だから『聖書』が記すこの「4つの大河」は、今日のチグリス・ユーフラテス河とは異なる。また、それらは山奥から流れて次第に大きくなるような川ではなく、エデンの園の一部にわき出た巨大な地下水の泉が、4つの大河に分かれて流れ出していたものなのである。

このようなことは、大洪水以前の地球においてはエデン以外の地域においても、多く見られたに違いない。地球内部の地下水は、あちこちで泉となってわき上がり、全世界に大小さまざまの多くの川や、池、湖を形成し、全地を潤していたであろう。

読者は、火山の近くにはよく湖があることに、気づいておられるだろうか。富士山の近くにも富士五湖がある。しばしば高い山の頂上近くや、非常に高い場所に満々と水をたたえた湖がある。

単に雨をためて湖になっているのではない。これは地球内部のマグマから脱ガスする気体成分の大部分が、水蒸気だからなのである。そのために火山の近くには豊富な地下水が生じ、湖や泉、池や川などが形成される。

マグマが活発な状態では、地下水が多く形成される。ノアの大洪水以前の地球においては、そうした地下水がまだ豊富に存在していた。そしてこれら湖や、泉、池、川などの水、およびしばしば地表に起こる霧や降雨は、陸地の植物に適度な水分を与えていたであろう。

大洪水以前に虹はなかった

しかし大洪水以前は、雨や霧《きり》などがあった場合でも、「虹《にじ》」は見られなかった。それは当時の大気の状態が、今日とは異なっていたからである。

今日、雨のあがったあとなどに虹が見られることがあるのは、空気中に浮いている水滴に太陽の光があたり、水滴がプリズムのような働きをして、光の屈折《くっせつ》が起こるからである。その屈折率は光の色によって違い、このために7色の光に分かれて見える。

しかし現在の大気においても、太陽の高度が42度以上になる真昼には、虹は出ない。屈折した光が地上に達しなくなってしまうからである。

水滴において光の屈折が起こるか否か、また屈折が起きた場合の屈折率は、水滴の密度と大気の密度との差による。大洪水以前の大気圧は今日の約2倍あり、そのために当時、大気と水滴の密度の差は今日ほどは大きくなかった。したがって虹を生じさせるような光の屈折が起こらず、虹は見られなかったであろう。

虹は『聖書』によれば、

「すべての肉なるものは、もはや大洪水の水では断ち切られない」（『創世記』第9章11節）

という神の契約のしるしとして、大洪水後になって初めて見えるようになったものなのである。『聖書』によれば、大洪水ののちノアとその家族は、大地と空にかかる7色の虹を見たという。虹は、神のデザインを受けた光の芸術だ。

大洪水以前には今より多くの植物が生い茂っていた

大洪水以前は、どこも温暖かつ湿潤な気候だったので、みずみずしい多くの植物がところ狭しと生い茂った。当時の世界には不毛の砂漠や万年氷原はなかったと、創造論者は考えている。

全世界に繁茂する植物は、大気中の酸素濃度を押しあげていた。先に見たように、当時の酸素濃度は約30パーセントもあった。当時の世界に今よりも多くの植物が生い茂っていたことに関して、次のような証拠も提出されている。

米国バージニア工科大学・原子核工学のホワイトロー教授は、世界各地から無作為《むさくい》に1万5000に及ぶ生物の化石を集め、「炭素14法（C14法）」によって、それらの生物が生存していた年代を調べた。「炭素14法」は、放射性同位元素による年代測定法のひとつで、生物の年代測定などに広く使われている。

この調査は、何を示したか。

教授によると、紀元前3500年から4000年の間の標本で、人や動物、樹木などの数が極度に少なくなっていた。ただ、生物激減のこの年代については、その測定結果が真の年代よりも多少古く出てしまっていると教授は考えており、この年代は実際には「ノアの大洪水」が起きたころの時代（紀元前2500年ごろ）をさしていると思われる、と述べている。

地球の過去には、世界の生物の数が大幅に減少したときが、たしかにあったのである。それはまさしく、ノアの大洪水によってだった。さらに教授の調査によると、生物の数はこうして一時激減したものの、その後徐々に増加し、人と動物に関してはキリストの時代ごろにもとの数に達するようになった、とのことである。

しかし樹木に関しては、徐々に増加はしているものの、以前の数にはまだ達していない。すなわち大洪水以前の地表においては、今日の世界を大きく上回る量の植物がところ狭しと生い茂っていた。これによって大洪水以前の大気の酸素濃度は、高い状態に押しあげられていた。また豊富な植物が存在していたので、果実は豊富に実り、動物や人間に豊かな食物を提供していた。

好適な環境は生物の巨大化に貢献した

これら十分な食物、また年間を通じて温暖・湿潤な気候、紫外線のない環境、高い酸素濃度等――当時の好適な環境は、生物の巨大化に少なからず貢献《こうけん》したに違いない。

好適な環境は生物のストレスを軽減《けいげん》し、成長ホルモンの分泌をうながしたであろう。酸素の高濃度に関しても、生物の巨大化や長命に有益《ゆうえき》であることは、実験的にも確認されている。

羽を広げると80センチから1メートルにもなる巨大トンボや、30～40メートルの丈《たけ》にもなる巨大なシダ植物、また巨大な貝などの化石も、各地で発見されている。巨大な体を持つ恐竜たちが生存することができたのも、こうした好適な環境があったからである。恐竜は、大きいものでは全長30メートル程度もあった。

進化論者は、恐竜は今から約6500万年前に滅《ほろ》び、その後多くの時代を経て、今から約250万年前になって、ようやく初の人類が出現したと主張してきた。すなわち恐竜と人類が共存した時代はない、と主張してきたのである。

しかし実際には、恐竜と人類が同時代に生きていたことを示す証拠は、後述するように数多く見出されている。大洪水以前の世界には、各種の恐竜たちも生息していたのである。

『聖書』にも、恐竜に関する言及がある。「ヨブ記」の第40章15～19節は恐竜に関する言及といわれている。日本語訳では、それは次のように記されている。

「さあ、河馬《かば》を見よ。…（中略）…見よ。その力は腰にあり、その強さは腹の筋にある。尾は杉の木のように垂《た》れ、ももの筋はからみ合っている。骨は青銅の管、肋骨《ろっこつ》は鉄の棒のようだ。これは神が造られた第一の獣《けもの》……」

この動物は「河馬」と訳されているが、原語のヘブル語はベヘモトで、「巨大な獣」の意味である。昔の『聖書』翻訳者は中東地域のもっとも巨大な獣を「カバ」と考えて、こう訳したのだが、よくみると17節に、「尾は杉の木のように垂れ……」とある。

カバの尾はあるかないかわからないくらい小さいから、とても「杉の木」と比べられるものではない。現在の世界でもっとも巨大な陸上動物であるゾウも、しっぽは細くて小さい。だから創造論者の多くは、この「ベヘモト」と呼ばれた獣はカバでもゾウでもなく、恐竜の一種であったと考えている。

また、「創世記」第1章21節に、神は生物創造の際に「海の大いなる獣」をも造られたと記されている。大洪水以前の海には、海棲哺乳類《かいせいほにゅうるい》のクジラだけでなく、シーモンスターとも呼ばれる海棲爬虫類プレシオサウルスなど、さまざまな巨大生物がたくさん生息していた。

恐竜にはまた、草食恐竜と肉食恐竜がある。草食恐竜は、体が大きくても性質が比較的おとなしいため、人間が危害を受けることは少ない。また肉食恐竜はどう猛《もう》だが、大洪水以前の世

⬆『聖書』「創世記《そうせいき》」に登場する「海の大いなる獣《けもの》」を描いた絵。一説には竜《りゅう》だともいわれたが、その正体は巨大海棲《かいせい》生物だったと思われる。
⬅同じく『聖書』に登場する怪物の「べヘモト」。これはゾウのように描かれているが、実際は恐竜の一種であった可能性がある。

界の人口はまだあまり多くはなかったので、人々は肉食恐竜たちの生息地を避《さ》けて住んでいたであろう。

また、人間は火を使ったり、やりなどの武器を作る知恵も持っている。それで人間は、恐竜たちの住む世界においても、それほどの困難を感じることなく生存することが可能であった。世界的生物学者・今西錦司博士のいうように、生物の「棲み分け」がなされていたであろう。

大洪水以前、人は長寿だった

大洪水以前はまた、上空にあった水蒸気層が宇宙からの有害な放射線などを遮断《しゃだん》していたので、地上に住む生物は一般に長寿《ちょうじゅ》を保っていた。

『聖書』によれば大洪水以前、アダムは「930年」生き、彼の子や孫、曾孫《ひまご》たちも、平均900歳程度まで生きた。一番の長寿は、アダムから8代目にあたるメトシェラであった。メトシェラは、「969年」も生きたという(「創世記」第5章27節)。

このような膨大な寿命は、ただの「神話」だろうか。そうではない。『聖書』によれば、ノアの時代の大洪水を境として、そののち人々の寿命は急速に短くなっている。

たとえばノアの子であったセムの場合、その一生は600年で終わった。セムの子アルパクシャデは438年、そしてそののち人の寿命は約300年、200年と短くなり、アブラハムの時代になって、アブラハムの一生は175年だった。

またモーセの時代になって、モーセの一生は120年であった。しかし、120年生きることは、モーセの時代にはすでに「長寿」と見られていた。

「私たちの齢は70年、健《すこ》やかであっても80年」(「詩篇」第90篇10節)

とモーセは述べている。モーセの時代にはすでに、人は現在と同じような短い寿命になっていた。ではなぜ、大洪水以前の人々は長寿だったのに、大洪水を境として寿命が急速に短縮《たんしゅく》されたのか。それは実は、大洪水以前は、上空の水蒸気層が宇宙からの有害な放射線等を遮断し、生物の寿命を延ばしていたからである。

よく知られているように、宇宙からはさまざまな高速の放射線が飛んでくる。放射線は、遠くの銀河から飛んでくるものが「宇宙線」、またとくに太陽から飛んでくるものは「太陽風」と呼ばれている。

宇宙は、実は何もない真空の空間ではなく、こうした有害な放射線が四方八方から高速で飛びまわっている、たいへん恐ろしい空間なのである。われわれの住む地球は「宇宙のオアシス」と呼ばれているが、地球を一歩外に出れば、そこは死の空間である。地球は、太陽風や宇宙線が飛び交っている真っただなかにある。

当然、宇宙線は地球にも多量に降りそそいでいる。しかし大気がそれをかなり遮断してくれている。けれども現在の大気による宇宙線遮断率は、決して完全なものではない。われわれは一生の間、この地表にあって、絶え間なく宇宙線の放射を浴びているのである。

そしてこれによる放射線損傷は、細胞に刻々《こくこく》と蓄積《ちくせき》されている。米国マサチューセッツ工科大学のパトリック・M・ハーレイ教授は、こう述べている。

「われわれは大気中に突入してくる、宇宙線と呼ばれる高速粒子流による放射線から、のがれることはできない。写真に示されている飛跡は、これらがかなり厚いしんちゅうの板を通り抜けることを示している。人工の放射線源を除いても、天然放射能があるために、われわれが絶えず受けている放射性損傷の約4分の1は宇宙線による、といわれている」

しかし大洪水以前は、現在の大気の上にさらに水蒸気層が厚く存在していたので、当時地表に到達する放射線は、現在よりはるかに低いレベルにあった。

放射線のない環境が、長寿への重大な役割を果たすことは、最近の医学的研究で実証されている。また上空の水蒸気層は、地球外からの宇宙線だけでなく、エックス線などの有害光線の影響からも人々を守り、生命にとって極めて好適な環境を作りだしていた。

そのため、当時の人々の寿命は、たいへん長かったのである。大洪水以前の地球は、今以上によく「デザインされた」地球だったのだ。

第7章

ノアの大洪水は史実だった!!

水蒸気層はなぜ大雨と化したか

科学的事実をよく調べていくと、実は『聖書』の記述は神話などではなく、歴史的事実であると思わせられる数多くの事柄に出会う。なかでももっとも重要なものが「ノアの大洪水」である。ノアの時代の大洪水について、『聖書』はこう記している。

「巨大な大いなる水の源が、ことごとく張り裂《さ》け、天の水門が開かれた。そして大雨は40日40夜、地の上に降った」(「創世記」第7章11〜12節)

この日、上空の水蒸気層は安定性を崩《くず》し、地上に大雨となって降った。また地表から噴きあげられた地下水の巨大な噴水も、しぶきとなって大雨となり、地上に降った。

「巨大な大いなる水の源が、ことごとく張り裂け」は、これら、地下水や上空の水蒸気層という「水の源」がことごとく張り裂けたことを表していると見受けられる。

このときの「大雨」は、ふだんわれわれが経験する雨とは大きく異なるものである。というのはわれわれの知っている雨といえば、たとえば東京で降っていても埼玉にくればもうやんでいる、というように局所的である。また日本で降っていても、アメリカでは晴れている、というように現在の世界の雨はすべて局所的なのである。

しかしノアの大洪水のときの大雨は、全世界的なものだった。世界中で40日間にわたって豪《ごう》雨《う》が降りそそいだのである。

けれども、ノアの日まで上空で安定して存在していた水蒸気層が、なぜ突如《とつじょ》としてその安定性を崩《くず》し、大雨となって落下してきたのか。水蒸気層の安定性を崩す要因としてひとつ考えられるのは、彗星《すいせい》や小惑星が地球に落下してきた場合である。

1994年に、彗星が木星に衝突《しょうとつ》したことで、大きなニュースとなった。もし彗星や小惑星が地球に衝突したら、いったいどのようなことが起きるだろうか。

小惑星や彗星は、弾丸の100倍もの猛《もう》スピードで衝突してくる。そして、たとえば直径10キロ程度の天体が地球に衝突した場合、そのときに発生する爆発エネルギーは、TNT火薬1億メガトン分にも相当する。

このエネルギーは、原子爆弾など比べものにならないほど、巨大である。それが海に落下した場合は、およそ5000メートルもの高さの大津波が発生するといわれる。落下地点から1400キロ以上離れたところでも、津波の高さは500メートル近くある。

一方、大陸に落ちた場合は、発生する衝撃波《しょうげきは》によって、半径240キロ以内のすべてのものがなぎ倒される。さらに衝突地点付近から、膨大《ぼうだい》な量のチリが一気に空高く吹きあげられる。それは成層圏の上空にまで達し、広がって全世界の大気を漂うであろう。

もしこのようなことがノアの日に起きたとすれば、どうか。大気上空に吹きあげられた膨大な量のチリは、上空の水蒸気層にまで達し、太陽光線をさえぎって水蒸気層を冷やし、それを大雨と化すきっかけとなったことは疑い得ない。

雨が降るためには、雨滴を形成する心核となる微小物質（チリなど）が必要である。雨滴はそれを中心に形成される。微小物質がないとき、水蒸気は多少温度が低くても雨になりにくい。しかし、チリなどの微小物質を得ると、水蒸気はそれを心核として一気に雨となる。

また小惑星や彗星の地球への衝突は、地球内部にあった膨大な量の地下水を解き放ち、地球のあちこちで巨大な噴水を形成したであろう。ちょうど破裂した水道管のように、そこから水が噴きでたのだ。巨大な噴水はしぶきとなり、それが大雨となって地表に降りそそいだ。

では、小惑星または彗星の衝突の証拠はあるのか。

1977年、米国カリフォルニア大学の科学者グループは、地層の中の宇宙塵《じん》（宇宙から地球に常時降り注いでいる宇宙からのチリ。微《び》小《しょう》な隕石）の調査をしていたが、そのとき興味深い事実を発見した。

宇宙塵の指標としては、地球の物質にはほとんど含まれていないイリジウムが選ばれた。宇宙塵の、時間あたりの地球への落下量は、ほぼ一定である。ところが、地層中にイリジウムの量のピークとなるところが3～4か所程度あり、多いところでは通常の30倍程度にまではねあがったのである。

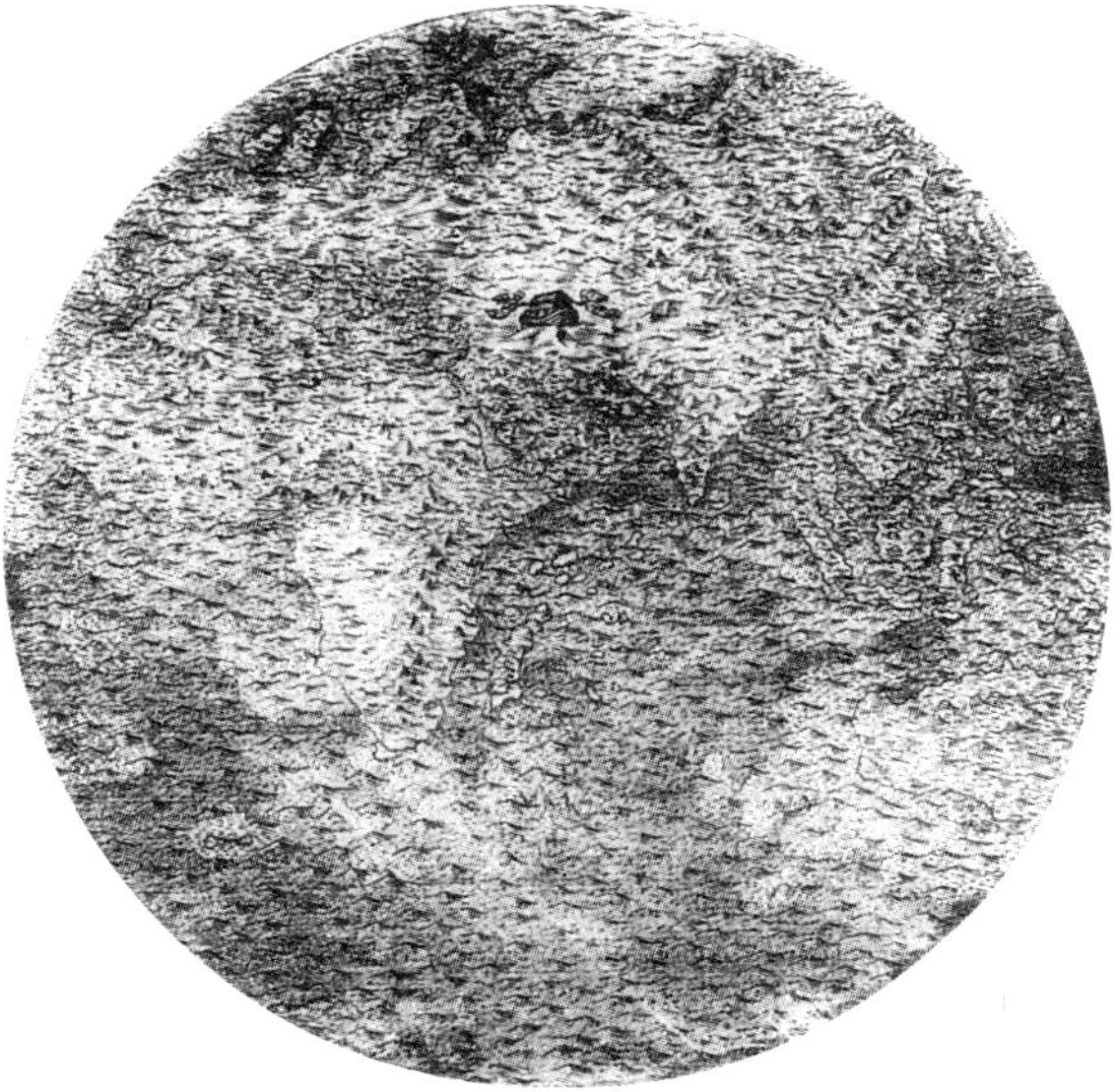

⬆ノアの大洪水。大洪水がもしも局地的なものだったなら、ノアが箱舟を建造する必要はまったくなかっただろう。その場合彼は、洪水の及ばない地域に移動すればそれでよかったからだ。だが、洪水がこの図のように全地球規模のものだったとしたら？

イリジウムは、全世界に分布していた。地層が形成されたとき、大量の何かが、地球外から地球に訪れたとしか考えられない。

後述するが、創造論者は、進化論者によって「先カンブリア代」と呼ばれている最下層の地層の上にある地層はすべて、ノアの大洪水のときに一挙に形成されたと考えている。地層は長い年月をかけて徐々に形成されたのではなく、大洪水のときに一挙に形成されたのである。

地層内の多量のイリジウム分布は、進化論者のいうような「6500万年前の恐竜絶滅時の小惑星衝突」を示しているのではない。なぜなら、イリジウムのピークは地層内に3～4か所あるからである。イリジウム分布はむしろ、ノアの大洪水が起こったときに地球に飛来した物体について語っているのである。

すなわち地層内のイリジウム分布は、小惑星または彗星がノアの時代に地球に衝突した名残《なごり》とも思われる。ノアはそのとき中東地域にいた。小惑星または彗星は、そこからかなり離れた場所——たとえば地球の裏側に衝突したのではないか。ノアは中規模の地震を感じただろうが、彼の場所では、すぐにはそれ以上の災害は感じなかったであろう。

しかし、続いて「40日40夜」にわたる大雨が降ってきた。これは、小惑星または彗星の衝突によって水蒸気層の安定性が崩《くず》され、水蒸気層が大雨となって落下しはじめたこと、また地表の割れ目から噴きだした巨大な噴水による、と考えられるのである。

これにより、飛来したイリジウムは大水と大量の土砂のなかに混ざり合い、イリジウムのピークが地層内に3～4か所あるような形で地層内に閉じこめられたのである。

局地的洪水ではなく、全世界的な大洪水

ここで、ノアの大洪水に関するふたつの説を比較《ひかく》検討してみよう。ひとつは局地洪水説、もうひとつは、全世界洪水説である。

局地洪水説とは、『聖書』に記されているノアの大洪水は、チグリス・ユーフラテス川流域地方に限られる局地的なものだった、という説である。この説はこれまで、考古学者をはじめとする人々などによって唱えられてきた。この説の人々はいう。

「チグリス・ユーフラテス川流域はたいへん広大な地域で、ノアたちにとっては、それは全世界に等しかった。いわゆるノアの大洪水は、チグリス・ユーフラテス川の大規模な氾濫《はんらん》によって起きたのであろう」

そして局地洪水説の人々は、全世界洪水説を批判していう。

「世界にあるすべての高い山々をもおおい尽くすような大洪水が、現実に起きたなどということはとても不可能だ。もし全世界をおおうような大洪水があったというなら、その水はいったいどこから来たというのか。そしてどこへ行ったというのか」

しかし、これから見ていくように、われわれは全世界洪水説こそもっとも妥当《だとう》なものであることを、知ることになるであろう。大洪水は局地的なものではなく、やはり全世界的なものだったと考えたほうが、さまざまな科学的事実を適切に説明できるのである。

大洪水の爪痕《つめあと》は、全世界で見出されている。

『聖書』も、洪水が局地的なものだったとは述べていない。もし洪水が局地的なものだったなら、ノアが箱舟を建造する必要は、まったくなかった。なぜなら彼は非常な労力と時間をかけて箱舟など建造したりせず、単に洪水の及ばない地域に移動しさえすればよかったからである。それのほうが、ずっと安全だったし、楽だった。

また『聖書』によると、大雨が降りはじめて洪水が始まったのち、水位は150日間にわたって上昇しつづけ、また水が完全に引くまでに約1年かかったという。このような洪水は、局地的なものではあり得ない。

さて、局地洪水説の人々が全世界洪水説に対して抱いてきた疑問は、次の3点が主なものだった。

①ノアの大洪水の水はどこからきたのか。
②大洪水はどのようにして、当時の世界のすべての高い山々をおおい尽くすことができたのか。
③大洪水の水はどこへ行ったのか。

このうち①については、すでに見た。大洪水の水は「大空の上の水」（「創世記」第1章7節）と呼ばれる上空の水蒸気層、また大洪水以前の地球内部にあった膨大な地下水から来たのである。

次に、②③の事柄についても詳しく見てみよう。

大洪水以前の地表の起伏はゆるやかだった

②の「大洪水はどのようにして、当時の世界のすべての高い山々をもおおい尽くすことができたのか」について見てみよう。

現在、世界におけるもっとも高い山といわれるヒマラヤのエベレスト山は、標高８０００メートル以上ある。日本の富士山は、標高３７７６メートルである。しかし、実は大洪水以前の地表には、こうした高い山々は存在しなかったのだ。

現在の高山は、実は大洪水の直後、大洪水に続く地殻《ちかく》変動によって形成されたものだからである。大洪水以前、地表は比較的なだらかだった。地表の起伏《きふく》（でこぼこ）は、ゆるやかだったのである。実際「サイエンティフィック・マンスリー」誌は、過去の地球には、「気候や自然条件の面で障壁《しょうへき》となる高山は、存在しなかったであろう」と述べている。また後述するが、『聖書』によれば大洪水以前の大陸はひとつで、大陸の表面や形も現在とは大きく異なっていた（「創世記」第1章9～10節）。大洪水以前の大陸は、表面に高山がなく、比較的なだらかだったのである。

さらに、次のことをおぼえる必要がある。

海底山脈の形成が洪水を大規模にした

ノアが600歳のときになって（「創世記」第7章11節）、全地に「40日40夜」にわたる「大雨」が降ってきたと、『聖書』は記す。このときの降雨量はどのくらいだったろうか。

気象庁では、一般に1時間あたり10ミリ以上降れば「大雨」とされている。

また大雨の記録として、インドのアッサム州で1861年7月の1か月間の合計で、9300ミリも降ったという記録がある。これは1時間あたり約13ミリ降ったということである。この大雨で、すさまじい被害が出たことはいうまでもない。

ノアの大洪水のときの「大雨」をこのインドの大雨と同じ程度の規模——1時間あたり13ミリと仮定して計算すると、40日間の総降雨量は約12メートルとなる。ただしノアの大洪水のときの大雨は、ある地点だけで降ったのではなく、全世界で降ったのである。

しかし、降雨量12メートル程度だけでは、いかに大洪水以前の地表がなだらかだったとはいえ、地表のすべての山々をもおおい尽くす大洪水とはならなかったであろう。どうしてこれが、すべての高い山々をもおおい尽くす大洪水となったのか。『聖書』はこう記している。

「水は、150日間、地の上に増え続けた」(「創世記」第7章24節)

つまり、水かさは「40日40夜」にわたる大雨がやんだ後も、増えつづけたという！　水位は「150日間」にわたって上昇し続けたのだ。これは、先ほど述べた大洪水以前の地球内部にあった膨大な地下水が泉となってわき出た、ということもある。

またもうひとつの要因があるのだ。それは、全地を激流によって洗った水が、地殻のあちこちに巨大な変動をひき起こし、海底山脈を形成したからである。『聖書』は、大洪水が始まると、

「山は上がり、谷は沈みました」(「詩篇」第104篇8節)

と記している。大きな地殻変動が起きたのだ。この地殻変動はまず、それまで厚い水におおわれていた海洋部から始まったであろう。それにより、海底山脈が形成され、水位の大規模な上昇を引き起こしたのである。

今日、太平洋や大西洋の海底には、南北に走る巨大な海底山脈が数多くあることが知られている。これらの海底山脈は大洪水のときに形成されたものと、創造論者は考えている。造山運動は、海洋部のほうが起きやすいことが知られているのだ。

というのは地殻は、流体であるマントルの上に浮いているかたちになっている。地殻のほうが、下のマントルの流体物質よりも軽い。それで、海底部に土砂が流れこんで海底部の地殻が

押し下げられ、下方に厚くなると、そこにマントルからの上向きの力＝浮力が高まる。それである時点になると、激しく造山運動が起きるのである。

つまり、ノアの大洪水のときのメカニズムは、次のようだったであろう。

大雨が全地をおおうと、激流は大陸部から多量の土砂を奪《うば》って、海底部へと流れこむ。土砂の流れこんだ海底では、土砂が堆積《たいせき》するとともに、地殻は下に押しさげられたかたちになり、下方に厚くなっていく。そしてある程度までいくと、マントルからの浮力が働き、そこは海底山脈の隆起の場となる。

このように、造山運動は海底部のほうが、いち早く起きやすい。大洪水が地をおおったとき、「山は上がり」という造山運動は、まず海底において起こったのだ。そのため海底山脈が形成され、海面は大きく上昇した。

こうして大雨に始まった大洪水は、ついには地上のすべての山々をもおおい尽くす、世界的大洪水となったのである。

山は上がり谷は沈んだ

次に、③の「大洪水の水はどこへ行ったのか」を見てみよう。

『聖書』によれば、水位の上がり続けた「１５０日」の後、水は「しだいに地から引いて」い

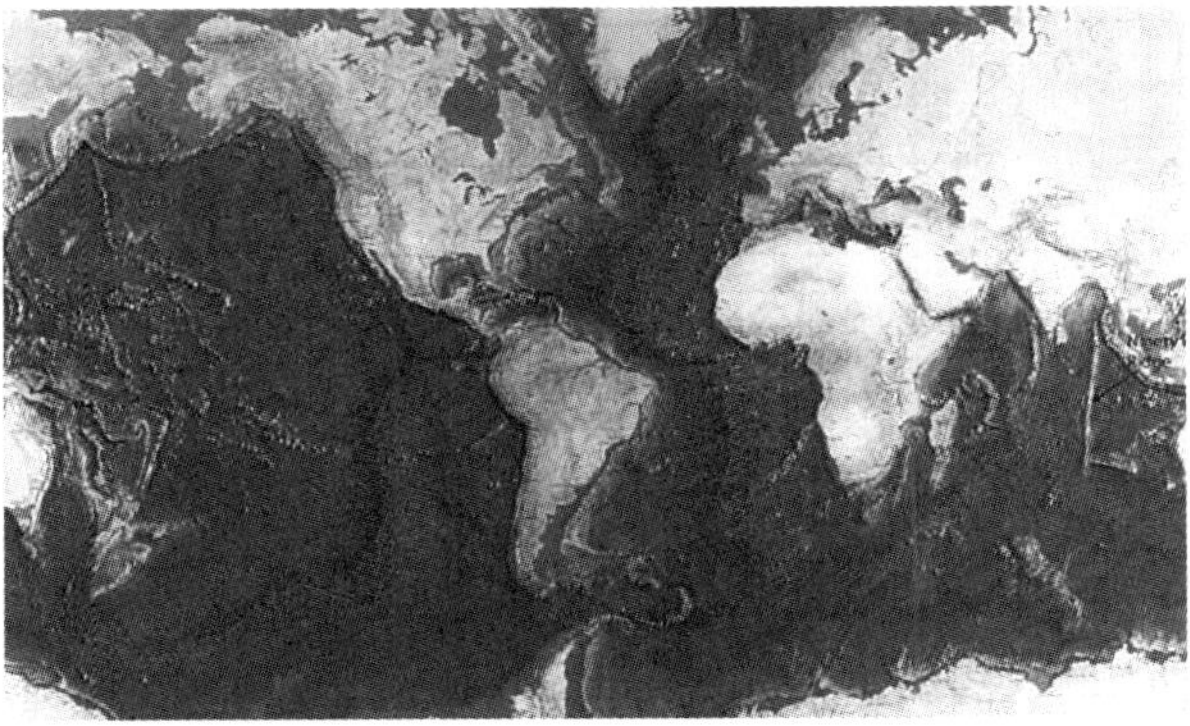

⬆海底を縦横《じゅうおう》に走る海底山脈。これは大洪水のときに形成され、それが大規模な水位の上昇の原因となったのだ。(下) 激しい水が一気に押し寄せ。すべてのものを洗い流していった。

ったという（「創世記」第8章3節）。それはそのころになると、地表の全域で山々の隆起や、谷の沈降が起きたからである。

「山は上がり、谷は沈みました」（「詩篇」第104篇8節）。

地表の起伏は激しくなり、水は低いところにたまった。こうして海面上に出たところが陸となった。日本海溝《かいこう》のような海底の巨大な谷や、ロッキー、アンデス、ヒマラヤなどの巨大な山脈などは、このときにできたものなのである。実際、これらの高山は、比較的最近できた山々であることが知られている。

またエベレストをはじめ、高山の頂上の岩石は水成岩だ。そこから海洋生物の化石が発見されることも、しばしばある。これは、大洪水によって水面下に沈んだ土地がのちに隆起して山となったから、と考えるのが一番妥当《だとう》である。

このように、全地が海面下に沈んだり、また陸地が海面上に出現したりするのは、地表の起伏（でこぼこ）しだいなのである。

地球物理学者によると、もし今日の地表の起伏を全部ならして平らにしたとすると、地表の全域は、約2400メートルの海面下に沈むという。地表の起伏しだいでは、全地は簡単に水中に没してしまうのである。また地表の起伏しだいでは、大陸の大きさ、形、位置などはどうにでも変わる。

大洪水は短期間の「氷河期」をもたらした

大洪水が起きたとき、地表の様相は大きく変化した。

水蒸気層が大雨となって降りはじめると、地表の温度は下がり、寒冷化した。地球は、ちょうどビニールシートを取り去られたビニールハウスのように温室効果を失い、特に北極圏、南極圏は急速に冷却《れいきゃく》し、たちまち氷原と化した。

この際、多くの動植物が、氷のなかに閉ざされた。モリス、ボードマン、クーンツ共著『科学と創造』に述べられているように、「大雨は、高緯度では雪と氷の形をとり、巨大な氷河を造り、マンモスやその他の生き物を、突如として凍死に至らせた」のだ。

実際、シベリアで氷づけで発見されたマンモスは、その突如とした凍死を物語っている。今日も、シベリアには約5000万頭ものマンモスが氷づけにされているといわれているが、マンモスはもともと極寒《ごっかん》の地に住む生物ではなかった。

マンモスは、極地に住む動物が持つ油を出す腺《せん》を皮膚《ひふ》に持っていない。また氷づけで発見されたマンモスの口と胃のなかには、キンポウゲなどの青草が見つかった。すなわちマンモスは、進化論者が主張したように(しだいに)氷河が来て食物がなくなって死滅《しめつ》したのではない。

マンモスは温暖なところに住み、青草を食べていた。そしてまだ青草が口と胃にあるときに、突如として大洪水に襲われ、凍結してしまったのである。

「サタデー・イブニング・ポスト」誌は、「凍りついた巨大生物の謎」という記事のなかで、次のように述べた。

「（北極圏の氷原の）大部分は、厚さ1メートルから300メートル以上の、ごみの層でおおわれている。この層は、いろいろな物質の集まりであるが、そのすべては凍りついて堅《かた》い岩のようになっている…（中略）…そして大量の骨、および動物の死骸《しがい》全体を含んでいる場合もある…（中略）…このごたまぜのなかから、氷を解かして取り出された動物の名前を書き出せば、数ページになるであろう」

また述べている。

「これらの動物の遺骸は…（中略）…その地域全体に散らばっていた…（中略）…これらの動物の多くは、まだ完全にみずみずしく、無傷であり、しかもまだ直立か、少なくとも、ひざをついた姿勢になっていたのである」

「われわれのこれまでの考えからすれば、これは実に衝撃的な事実である。良く肥《こ》えた巨大な動物の大群が、日の当たる草地で静かに草をはみ、われわれであれば上着さえいらない暖かいところで、ゆったりとキンポウゲの花をむしっていた。これらは極寒の土地に住む動物ではなかったのである。ところが突然に、これらの動物すべてが、表面的には何の外傷も受けず、し

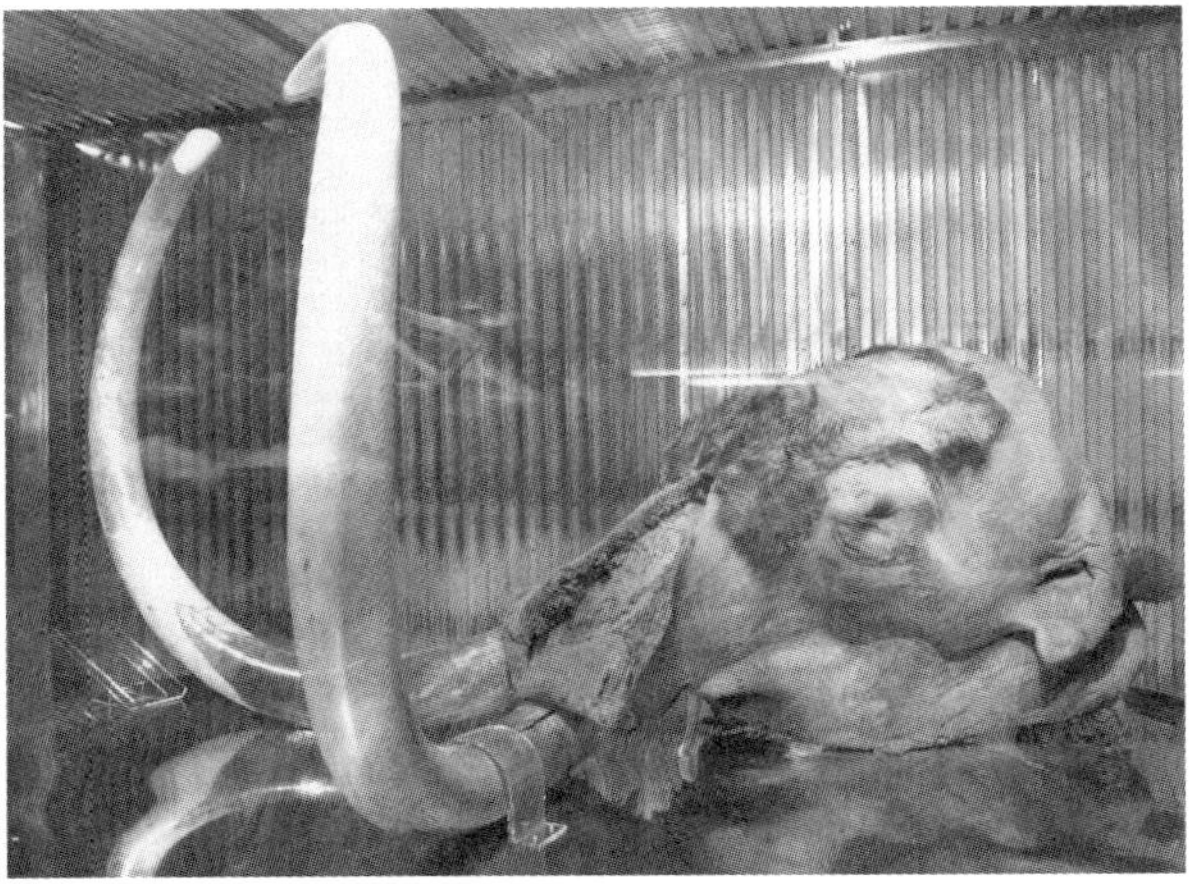

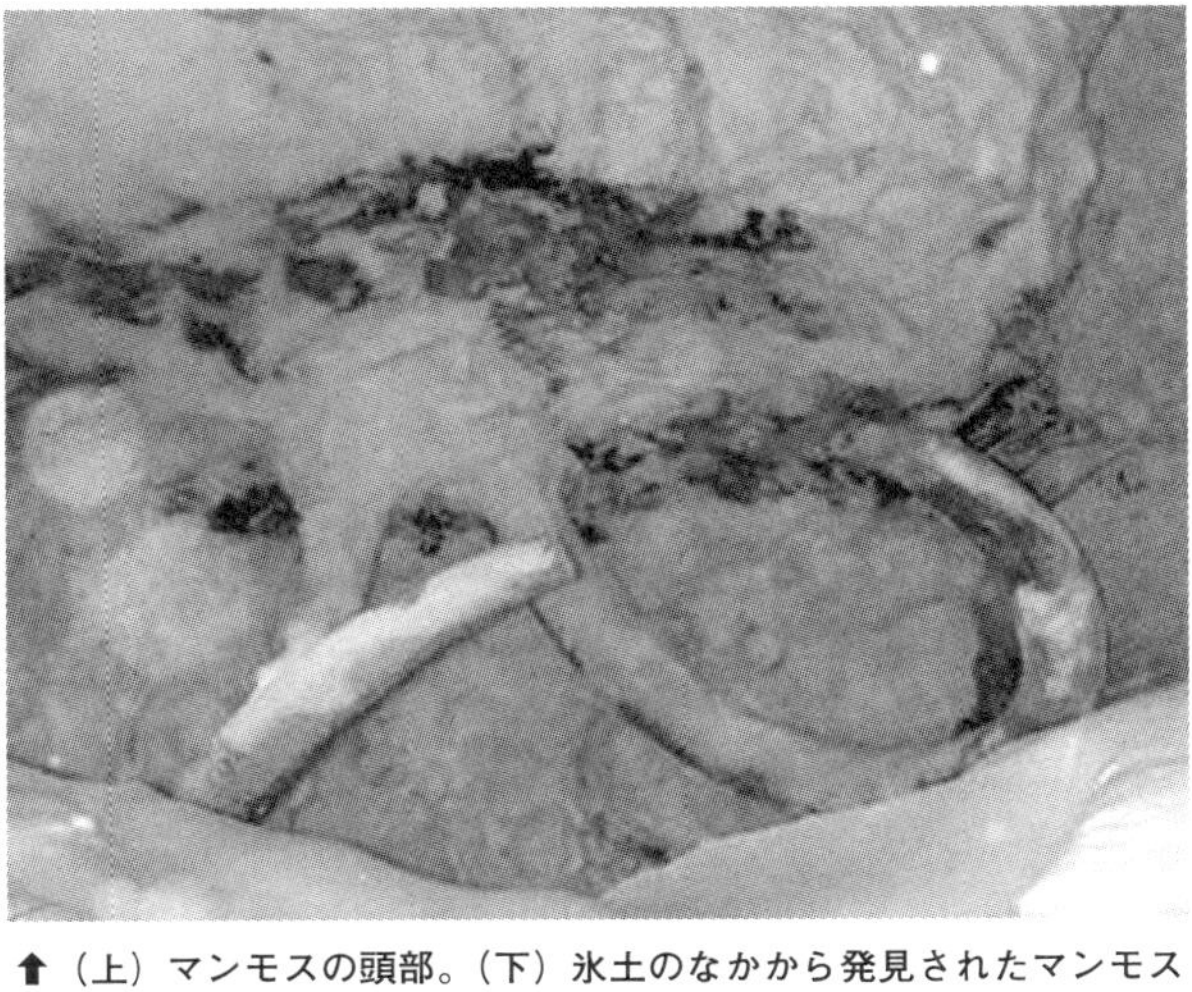

⬆（上）マンモスの頭部。（下）氷土のなかから発見されたマンモスの死体。大雨によって急激に冷えた高緯度地方では、マンモスなどが巨大な氷河に埋もれて凍死《とうし》した（写真＝ロイター／共同）。

かも口に入れた食べ物を飲むひまなく殺され、そののち急激に凍結したのである。それらの動物の細胞は、今日までことごとく保存されていた」

このように、これらの凍結された動物の遺骸は、環境がゆっくり変化して氷河期がきたのではなく、何かの激変があって氷河となったことを、示している。そしてこの「激変」、「急激な凍結」をもたらした原因がノアの時代の大洪水だったと考えると、ことが非常によく説明できるのだ。

大洪水という激変によって、極地は非常に冷え、比較的短期間の「氷河期」となり、多くの動植物が突如として氷の下に閉ざされたのである。

「氷河期は1回だけでなく、今までに何度もあったといわれているのではないか」

と、これについては問う方もいるであろう。けれども、大洋のボーリング調査の結果には「たくさんの問題」があり、氷河時代が何度もあったという説と鋭《するど》く対立している。アメリカ気象庁の気象学者マイケル・J・オアードは、こう述べている。

「氷河時代は1回だけだったことを示す、強い証拠があります。……氷礫岩《ひょうれきがん》の主な特質は、氷河時代は1回だけだったとの立場に有利です。また更新世《こうしんせい》の化石は、氷結した地域では珍しいものです。このことは、間氷期が多かったとする考えと合いません」

そして氷河期は1回だけで、それはノアの大洪水のような激変によって生じたに違いない、と結論している。大洪水は、このように短期間の氷河期をもたらし、またその後の地球の気候をも大きく変えた。

大洪水後、上空の水蒸気層による温室効果が取り去られたため、極地は極寒の地となり、またほかの地域においても、夏冬の寒暖の差が大きくなった。上空の水蒸気層がなくなった分、大気圧も下がり、地表の気圧は現在の1気圧程度（1013ヘクトパスカル）になった。

化石は大洪水によってできた

次に、大洪水と地層、および地層内の化石との関係について見てみよう。

進化論者はこれまで、全世界をおおっている地層は非常に長い年月をかけてゆっくり堆積してきたものだ、と主張してきた。そしてそのなかに見出されるさまざまな化石は、各地層が堆積したとき、その時代に生きていたものが化石となったのであると。

しかし今日では、この考えが誤《あやま》りであることが示されている。地層は長い年月をかけてゆっくり堆積したのではなく、ノアの大洪水の際に一挙に形成されたのである。また地層内の化石も、その多くは、ノアの大洪水の際に形成された地層内に閉じこめられた生物の遺骸が化石化したものである。

まず最初に、地層が長い年月をかけてゆっくり堆積していったような場合は、化石は決して形成されない、という事実に注目する必要がある。

化石は、大洪水のような「激変」的過程がないと決してできない。ある科学者が述べているように、「動植物が、崩壊《ほうかい》しないようにすばやく葬《ほうむ》られ、そしてその後……温存されなければ」化石はできないのだ。もし、ゆっくり土砂が堆積していったのだとすると、生物は化石になる前に腐敗《ふはい》し、分解されてしまい、骨格をとどめることができないのである。すなわち「風化《ふうか》」してしまう。

たとえば、犬が地面の上で死んだとき、それがゆっくり土中に埋もれて、そのまま化石になることは絶対にない。それは化石になる前に腐《くさ》ってしまうからである。また魚が死んだとき、それが静かに海底に沈んで、化石になることも絶対にない。それは化石になる前に腐敗し、分解してしまうのである。

だから、化石が形成されたということは、生物が何らかの激変的過程によって厚い堆積層のなかに「すばやく葬られ」、空気とバクテリアから遮断《しゃだん》され、高圧力下に置かれたことを示している。

この激変的過程として、ノアの大洪水はもっとも適切な説明を与える。大洪水は、さまざまな動植物を急激に「葬り去り」、それらを厚い土砂の堆積層内の安定した高圧力下に置いたからである。

化石は短期間で形成される

読者はここで、次のように質問なさるかもしれない。

「しかし、化石ができるには何万年、または何億年もの長い時間が必要なのではないか」

けれども、堅い岩石を見て、何万年や何億年もの時間を経てそうなったと考えるのは、われわれの先入観にすぎない。実際には生物の体が化石化するために、何万年あるいは何億年もの長い時間は必要ない。

生物の遺骸は、急激に葬り去られ、高圧力下に安定して置かれると、比較的短期間で化石化する。化石とは、生物の遺骸が岩石のなかに閉じこめられたものだが、これは化学変化のひとつにすぎない。

同じ物質でも、高圧力をかけると、まったく違う性質になる。いい例が人工ダイヤモンドであろう。これは炭を高圧力で閉じこめて作ったものである。

炭焼きで使う真っ黒な炭も、無色透明で輝くダイヤモンドも、同じ炭素からできているが、性質のまったく違うものになる。炭から人工ダイヤモンドを作るのに、何万年もの歳月は要しない。比較的短期間でできあがる。

天然のダイヤモンドや、ほかのすべての宝石もそうである。それらは何億年もの歳月をかけてできたものではない。最近では、ピーナッツ・バターから人工ダイヤモンドを作ったりすることにも成功している。

化石の原理も、これとまったく同様である。圧力の媒介《ばいかい》によって、生物の体も性質が変化して、堅い石になるのである。圧力が加われば、化石化するのに、何億年もの期間は必要ない。数か月もあればできる。

また、内部の化学成分によって、早い時間に岩石化することもある。そのよい例はセメントや、コンクリート、石膏《せっこう》などであろう。

これらには化学成分によってさまざまな種類があるが、いずれも液状物質が非常な短時間で固化し、硬くなって、岩石化するのである。

その際、圧力は必要ない。内部の化学成分しだいでは、非常に短期間に岩石化する。実験では、ビーカーのなかで、宝石のオパールを作ることにも成功している。同様に一般に見られる化石も、地層の化学成分しだいでは、非常な短時間で固化し、岩石化するのである。

今日、世界各地に生物の化石が出土するが、その大部分は約4500年前のノアの大洪水のときに形成された、と創造論者は考えている。大洪水は当時の生物を急激に葬り去り、厚い堆積層に閉じこめた。その際、その堆積層内の非常な高圧力と化学成分により、生物の遺骸は比較的短期間で化石化したのである。

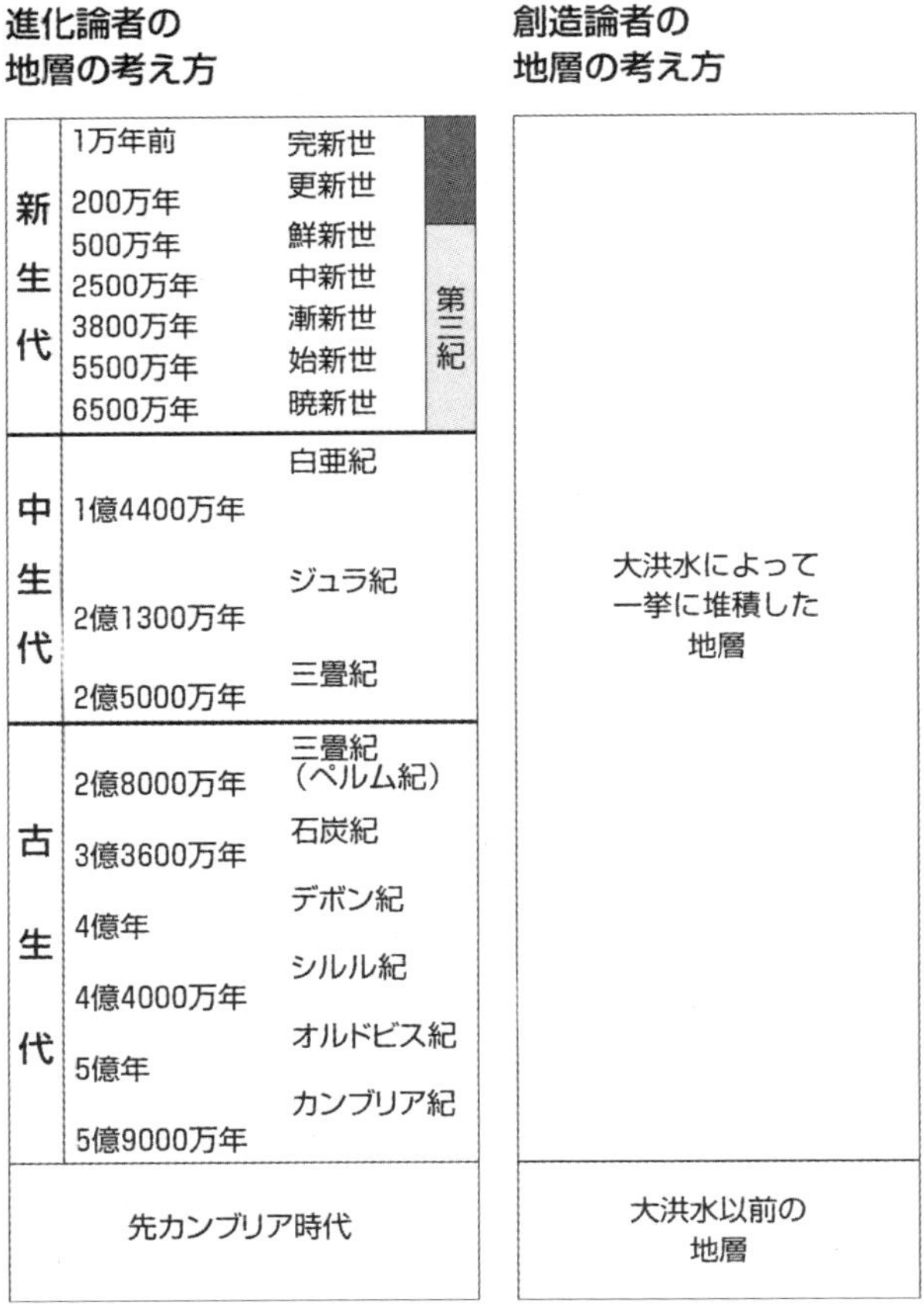

進化論者の
地層の考え方
新生代
1万年前 完新世
200万年 更新世
500万年 鮮新世
2500万年 中新世
3800万年 漸新世
5500万年 始新世
6500万年 暁新世
第三紀
中生代
白亜紀
1億4400万年
ジュラ紀
2億1300万年
三畳紀
2億5000万年
古生代
三畳紀（ペルム紀）
2億8000万年
石炭紀
3億3600万年
デボン紀
4億年
シルル紀
4億4000万年
オルドビス紀
5億年
カンブリア紀
5億9000万年
先カンブリア時代
創造論者の
地層の考え方
大洪水によって
一挙に堆積した
地層
大洪水以前の
地層

⬆進化論者と創造論者の、地層の形成に対する考え方の違い。進化論者は、あくまでも地層は古いものから新しいものへと規則正しくつもったとする。当然、下へいくほど古く、地層の逆転もありえない。だが創造論者は、地層は大洪水前と大洪水後の２種類しか存在しないとするのである。

地層の形成は急激な土砂の堆積によった

米国ミネソタ大学の水力学教授であり、ICR（創造調査研究所）総主事であるヘンリー・M・モリス博士は、その研究のなかで、世界の地層は長い年月をかけて形成されたのではなく、急激な土砂の堆積によって短い時間内に一挙に形成された、と結論している。

「明確に区分された各層は、急速に堆積した。なぜなら常に一定の、一群の水流が働いた状態をあらわしており、このような水流状態が長く続くことはあり得ないからである。どの累層をとっても、各単層は急速に堆積したに違いない。そうでなければ不整合の証拠——すなわち、隆起とか浸食《しんしょく》の期間が、異なる層との界面に認められるはずである」

つまり地層は一時代のうちに急速に形成された、と考えるべきだという。

たとえば読者は、理科の実験で、ビーカーに水と泥を入れ、それをかき混ぜてしばらく放置すると、やがてその水の底に土砂の水平な層ができあがるのを、見たことがあるに違いない。それとまったく同じように、現在の地表をおおっている地層の水平な堆積は、大洪水によって洗われた土砂が水中で堆積してできあがったものなのである。

また地層が急速に堆積したことは、たとえば世界中で掘りだされている植物の葉の化石を見てもよくわかる。たとえばシダ植物の葉の化石を見てみる。すると、現在地上に生きているシ

⬆（上）ビーカーに水と泥《どろ》を入れ、かき混ぜて放置すると、「ミニ地層」ができあがる。これが創造論者の地層のアイデアだ。（下）アメリカのグランドキャニオンでも、進化論に反する事実が見られる。

ダの葉とまったく同じ形をしている。葉の形までくっきり化石に残っている。

一方、ここで実験をしてみる。生きているシダ植物の根を切り、数日間、放置してみる。すると、それはしおれてしまって、美しい葉の形をとどめない。ところが、地層内に化石として見出されるシダの葉は美しい葉の形をとどめている。これは地層が急速に堆積したからである。つまり、葉がしおれる間もなく、生きたまま急速に地層内に閉じこめられたのだ。

また、よく知られているように水中の土砂や溶解物《ようかいぶつ》が堆積してできた岩石――堆積岩は、全世界に見出され、大陸部および海洋部の全域をおおっている。全世界を取り巻くこの堆積岩の平均の厚さは約1・6キロである。一方、洪水の条件下に圧縮《あっしゅく》されながら土砂が堆積する割合は、平均5分毎に約2・5センチである。

そうすると、わずか220日間で全地層を形成できることになるのだ。ノアの大洪水のときは、水が引くまで300日以上かかったとされているから（「創世記」第8章13節）、この間に全地層が形成できたことになる。

「1・6キロ」というと、非常な高さに思えるかもしれないが、日本のどこにでもある中程度の山ほどの高さであって、地球の直径（1万2800キロ）から比べれば、微々《びび》たるものにすぎない。もし全世界をおおい尽くすほどの大洪水が起きたのだとすれば、この程度の堆積があって当然であろう。

アメリカのグランドキャニオンは、このぶ厚い地層が非常に広範囲にわたって露出《ろしゅつ》している地域として有名である。そこでは、いくつもの層が、水平に積み重なっている。

もし地層が何億年、何十億年もかかって積み重ねられたとすると、こんなに広範囲にわたって水平に横たわったままであるのは、ほとんどあり得ないことだと、地球物理学者は述べている。長い時間内に必ず隆起とか褶曲《しゅうきょく》があって、変形したはずなのである。

また、そこには進化論者の「地質柱状図」と矛盾することが多く見られ、地層が長い時間をかけて形成されたとする考えが間違いであることを、はっきり示している。

大洪水が地球をおおったとき、おそらく地球を何周もするような水流によって、地層の各層は急速に堆積していったであろう。そのために各層の間が不整合になることなく、水平に積み重なっていったのである。

第8章 ノアの大洪水と地球科学は矛盾しない

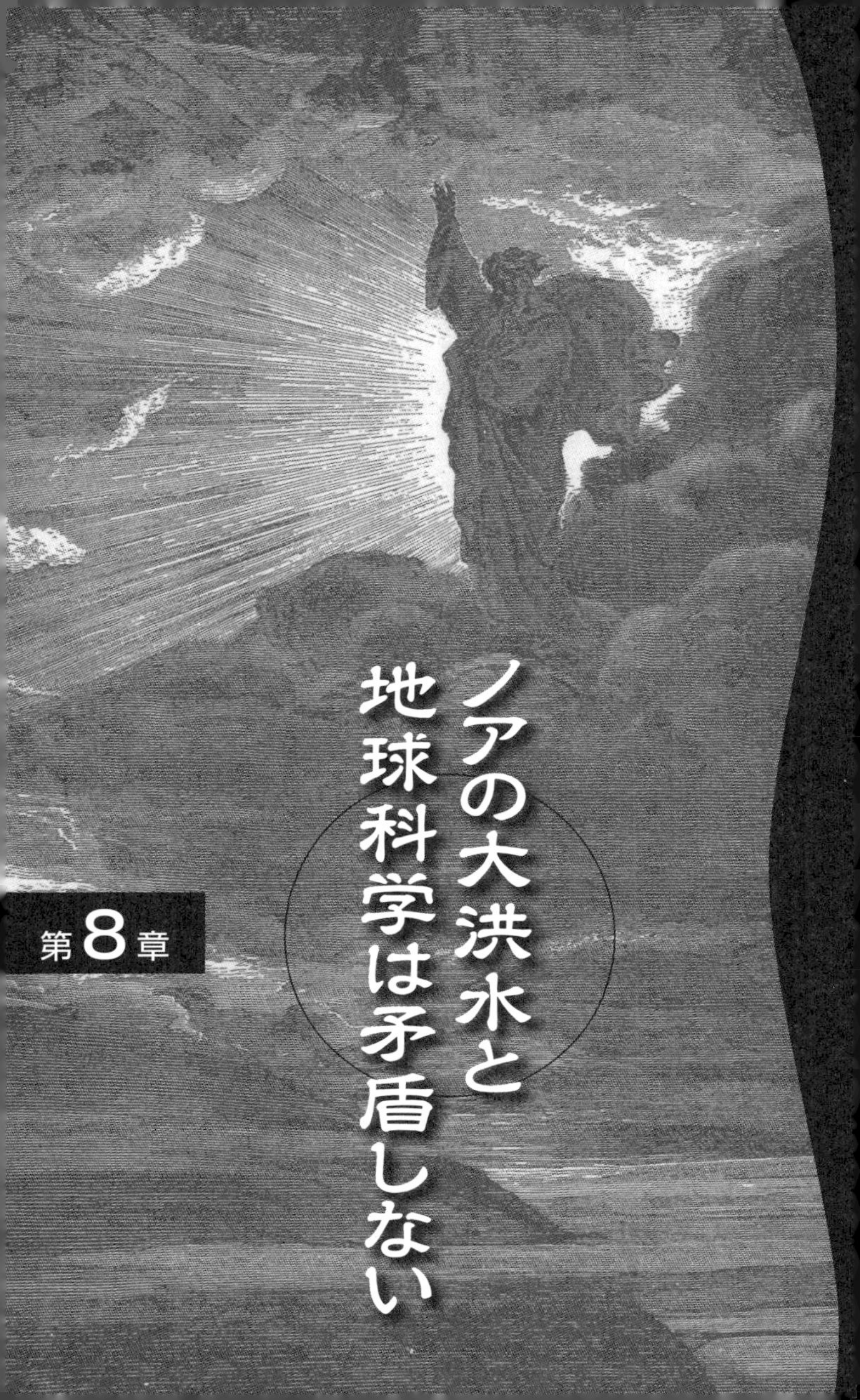

なぜ「下には単純・下等な生物、上には複雑・高等な生物」か

さて、世界の地層を調べてみると、一般に地層の深いところには単純な生物の化石が発見され、上にいくにしたがって高度な形態を持つ生物の化石が発見される。

「下には単純・下等な生物、上には複雑・高等な生物」

という原理は、ある程度まで、一般的に世界の地層に見られることである。進化論者は、このことは進化の各段階を示しているのであり、この化石の配列は生物がしだいに進化発展してきたことの証拠であると主張した。

しかし、これは進化の各段階を示しているのではないのだ。地層内における化石の出来方は、むしろノアの時代の大洪水に関連している。創造論者は次のように説明する。

まず、水には「ふるい分け作用」がある。細かいものは下に沈澱《ちんでん》し、大きなものは上に沈澱する。大洪水の際、生物の死骸は水流によって混ざり合い、その後沈澱し、堆積していった。そのとき一般に、細かい小さな生物は下に沈澱し、大きな生物は上に沈澱していったであろう。

土壌細菌《どじょうさいきん》などの微生物を最下層に、その上に藻類や貝類などの海底生物や、そのほかの海生無脊椎《むせきつい》動物などの化石が形成されていった。また魚類や両生類などは泳ぐことができたので、その上に堆積していった。

さらに鳥類や哺乳類《ほにゅうるい》などは、海の生物より高いところに住んでいるし、洪水前の雨の期間に次第に水かさが増していったとき、さらに高いところへ移動していくことができた。だから、それらは海に住む生物より高いところで発見される。

また人間は、高度な移動性と、水から逃れるための知恵を持ち合わせていたので、一般に最も高いところで発見される。このように、地層において一般に「下には単純・下等な生物、上には複雑・高等な生物」が発見されるのは、こうした大洪水の際の動植物の特質に関係しているのだ。

今日、あちこちで発見されている化石の大規模な墓において、われわれはこの大洪水のつめあとを見ることができる。あるところには何百万もの化石が互いに積み重なり、ときには死のもがきのまま捕えられたことを示す形で、存在している。

それらは魚であり、哺乳類であり、ときには混ざり合ったものである。シチリアの大量のかばの骨、ロッキー山脈の哺乳類の大きな墓、ブラックヒルやロッキー山脈やゴビ砂漠の恐竜の墓、スコットランドの驚くべき魚の墓、などなど。

これらの生物が、こうした山の上などの高所に集中して集められたのは、なぜだろうか。『創造か進化か』の著者トーマス・F・ハインズは、こう述べている。

「水が徐々に増してくる。動物たちは、高いところへ高いところへと移動する。やがて山の頂上へ群がることとなろう。そして押し流され、多数の堆積物とともに沈澱される」

このように、移動性にすぐれた動物たちは、水から逃れるために高所に移動していったので、高所で発見される。

したがって通常、下の層に単純な生物が見出され、複雑・高等な生物は上の層で見出されるという事実は、進化を示しているのではなく、ノアの大洪水の際の「水のふるい分け作用」と「移動性の高い動物は高所に移動していった」という事実に基づいていることなのだ。

化石はなぜ急に現れるのか

地層および化石が、ノアの時代の大洪水によって形成されたという考えは、進化論では説明できなかった数多くの諸事実をも、適切《てきせつ》に説明する。

たとえば進化論者は、時代をさまざまな「地質時代」に分け、それぞれをいろいろな名前で呼んでいるが、それらの1区分として「カンブリア紀」というのがあり、それ以前の時代を「先カンブリア時代」と呼んでいる。

そして進化論者は、「カンブリア紀」の地層には多くの化石が見出されるのに、そのすぐ下の「先カンブリア時代」の地層（もっとも下の地層）になるとまったく化石が見出されなくなる、という事実に困惑《こんわく》している。スタンフィールズ著『進化の科学』という教科書には、次のように記されている。

「カンブリア紀に、今日知られている動物の主要なグループのほとんどすべての代表が、突然出現している。まるで巨大なカーテンが引きあげられて、そこには実に変化に富む生命の群《むら》がった世界が、姿を現したかのようであった。…（中略）…この問題は今もなお問題である」

先カンブリア時代の地層には化石が見出されないのに、カンブリア紀の地層になると急にさまざまな種類の化石が見出されるという事実は、進化論の立場から見ると理解しにくいことであり、「この問題は今もなお問題」なのである。決して説明できないことだ。

けれども、大洪水によって化石を含む地層が形成されたとする創造論の立場からすると、このことも容易《ようい》に理解される。つまり、大洪水以前の地層（進化論者が「先カンブリア時代」の地層と呼んでいるもの）の上に、大洪水による地層が堆積していったので、そこには急に多くの化石が見られるのである。

また先カンブリア時代の地層と、カンブリア紀の地層が「不整合」になっているという事実も、非常に重要である。

地層が同じような状態で連続堆積しているとき、それらの地層は「整合」であるといい、そうでない場合を「不整合」という。

実は、先カンブリア時代の地層とその上にある堆積層とは、全世界にわたって「不整合」なのだ！　先カンブリア時代よりも上の地層は、みな水平に横たわっているのに、その下の先カンブリア時代の地層だけは、全世界にわたって山あり谷ありの状態になっている。井尻正二、湊正雄共著『地球の歴史』には、こう記されている。

「世界各地のカンブリア紀層を見ると、カンブリア紀層は、はげしく変質したり、あるいは褶曲したりしている原生代層（つまり先カンブリア時代の層）の上に、ほとんど水平に横たわっていることが観察される。……カンブリア紀層と、それ以前の地層との関係は、世界中どこへいっても、両者は不整合であって、いまだかつて整合関係のところは知られていない。この事実は、いったい何を意味するのであろうか」

そう述べて、この「不整合」の事実に対する率直な疑問が提出されている。進化論の立場からは、この事実は決して説明できないからだ。

しかしこの事実は、ノアの大洪水を認める創造論の立場からすれば、まったく当然のこととして理解できる。「不整合」というのは、その下の層と上の層とは連続的にできたものではなく、時間的なギャップがあったことを示しているのである。

進化論者が「先カンブリア時代」と呼んでいる地層は、実はノアの大洪水以前の地層である。つまり、地球誕生時からすでにあった地層である。その上に、ノアの時代になって、大洪水による地層が新たに堆積した。

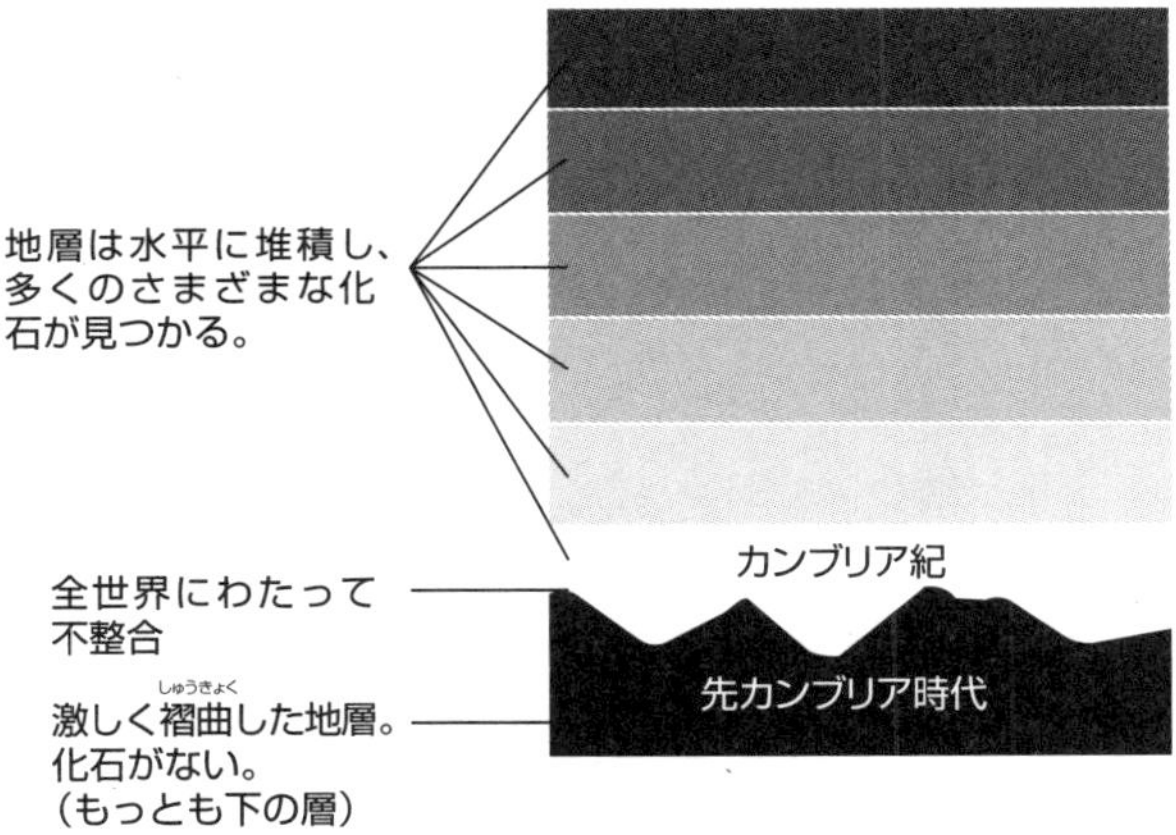
地層は水平に堆積し、多くのさまざまな化石が見つかる。
カンブリア紀
全世界にわたって不整合
激しく褶曲《しゅうきょく》した地層。化石がない。（もっとも下の層）
先カンブリア時代

⬆「先カンブリア時代」と呼ばれる地層面は、なぜか全世界で山あり谷ありの不整合《ふせいごう》状態になっている。この不整合面形成の謎は、進化論では決して解けない。なぜならそれは、ノアの大洪水によって作られたものだからである。

進化論者は、これを誤《あやま》って「カンブリア紀」とか、それ以降のものと呼んでいる。しかし、それは大洪水によってできた地層である。これらの上の地層は水の作用によるものなので、水平に堆積した。

はじめに、大洪水以前の褶曲する地層が存在し、そののちその上に、地をおおった全世界的大洪水によって水平な堆積層が形成された。したがって、不整合の界面の上の地層には急にさまざまの化石が見出されるのに、その下の地層には化石がないという事実も、これによってよく理解できる。

ノアの大洪水によって上の水平な堆積層が形成されたのだとすれば、カンブリア紀の「化石の急な出現」も、その下の「地層の全世界的不整合」の事実も、まったく当然のこととして理解できるわけである。

大洪水はさまざまな事実をよく説明する

ほかにも大洪水は、進化論では説明できない数多くの事実をよく説明する。たとえばそのひとつに、木の化石がある。

木の化石のなかには、ときにはいくつもの地層にわたって、貫《つらぬ》いて存在しているものがある。いまだにまっすぐに立ったもの、また斜めになったものや、上下がひっくり返ったものなどい

⬆まっすぐ立ったまま化石化した樹木。米イエローストーン公園（写真＝John D.Morris）。
⬅地層を垂直《すいちょく》に貫《つらぬ》いていた樹木の化石（オーストラリア・ニューキャッスル）。地層が急激に堆積《たいせき》した証拠だ。

ろいろあるが、樹幹がいくつもの地層にわたって貫いている。それはまさに、氾濫《はんらん》する水によって捕らえられた木のまわりに、急速に堆積層が積み重ねられた、という観を呈《てい》している。

こうした事実は、進化論でいうように地層が非常に長い年月をかけてゆっくりできた、という考えでは説明できない。これは大洪水によって急速に地層が形成されたことを示す、ひとつの強力な証拠である。

また進化論によれば、下の古いとされる地層からは、単純で下等な生物の化石のみが発見されるはずで、より高度な形態をもつ生物の化石が下の地層から発見されることはないはずである。しかし実際には、より高度な形態をもつ生物の化石が下の地層から発見されることが、しばしばある。世界の地層の至るところに、進化論者の「地質年代表」に示された地層の順序が、転倒しているところがある。

しかも、順序の入れ替わったそれらの地層の界面は、不整合にはなっていない。連続的に堆積している。つまり、何らかの地殻変動による地層のずれがなくても、高等な生物が下の地層から発見されることが、しばしばある。この事実は、多くの進化論者をおおいに困惑させてきた。けれどもこのことは、大洪水によって地層ができたとする考えには矛盾《むじゅん》しない。

なぜなら、大洪水の際に高所に移動しそこねて、早くから水にのまれてしまった生物も、なかにはいたはずだからである。それらの生物の遺骸は、下の方の地層に捕らえられた。だから、大洪水によって地層が形成されたとするならば、下の地層から、より高度な生物の化石が発見されることがあっても、おかしくはないのである。

また進化論では、石油や石炭の起源を説明することはなかなか困難が伴う。しかし『聖書』に記されたような大洪水があったと考えると、説明は非常に単純になるのだ。

石油は現在、化学者によって分析された結果、昔の莫大な量の動物、とくにプランクトンそのほかの海中動物の遺骸が変化してできたものであると考えられている。そのように大量の動物の遺骸が、地層内にまとまって存在するようになったことを説明できるものは、今日自然界に起こっている事象のなかにはない。

進化論者は、石油は何万年もの時間をかけて作られてきたものであるかのように説明してきた。しかし実際には、石油は条件さえ整えば、わずか30分程度で形成される。

プランクトンなどの死骸が堆積してできた汚泥《おでい》（スラッジ）を酸素なしの状態に押しこめ、セ氏450度くらいに熱して、それを炭にふれるようにすると、分解が早まって石油が形成される。その間わずか30分。

オーストラリア西部に、最近これを利用した石油生産プラントが建設された。つまり今日世界中で掘りだされている石油の大半は、大量のプランクトンなどの死骸が、ノアの大洪水のときに地層内の奥深くに閉じこめられ、地熱の影響を受けて石油になったものと理解される。

一方石炭は、大洪水の猛威《もうい》のもとに倒され引き抜かれた大量の樹木が、水の力で押し流されて堆積し、地熱の影響で作られた、と創造論者は考えている。このように、地層や化石に関する事実は、進化論よりも大洪水の考えによって、よく説明されるものなのである。

大陸はもともとひとつだった

今日、「地球上に散在している各大陸は、かつてはひとつだった」という説が、科学者の間で有力になっている。

20世紀の初めにドイツのウェゲナーは、地球儀《ぎ》をながめているとき、ヨーロッパ・アフリカ大陸の西側の海岸線と、南北アメリカ大陸の東側の海岸線の形が、よく似ていることに気づいた。つまり、大西洋の両側の大陸の線をそのまま互いに引き寄せると、ほぼピッタリ一致するのである。また、南アメリカとアフリカで同じような化石が見つかることも、わかっていた。

それでウェゲナーは、両大陸はもともとくっついていたのではないか、と考えた。さらにまたいくつかの考察を加えて、全大陸はもともとひとつで、その後分離して現在の位置にまで「移動」していった、という考えを発表した（大陸移動説）。

この考えは、一時いくつかの反論によって退《しりぞ》けられたが、その後再び有力な説として見直されるようになり、現在ではさかんに取りあげられるようになった。全大陸がもともとひとつだったという考えは、これも『聖書』の記述と一致するものである。

「神は『天の下の水は一所に集まれ。かわいた所が現れよ』。するとそのようになった。神はかわいた所を地と名づけ……」(「創世記」第1章9〜10節)

創造当時の地球においては水はひとつところに集められ、ひとつの大きな海となっていたことがわかる。したがって、大陸もひとつであった。この句の「かわいた所」「地」は、原語では単数形なのである。

では、もともとひとつであった大陸が、どのようにして現在のように分かれたのか。

『聖書』によれば、大洪水以前の大陸はひとつであっただけでなく、先に述べたように、起伏《きふく》(でこぼこ)が現在よりもなだらかだった。しかし、大洪水が起きたことによって地殻《ちかく》にさまざまな変化が起き、「山は上がり、谷は沈」んだ(「詩篇」第104篇8節)。

この土地の隆起(造山運動)と沈降によって、大陸の形は大きく変わったのである。大洪水以前は陸であったところが海の底に沈み、海であったところが陸になった、というようなことも起きたであろう。

また、大洪水時に起きた巨大な地殻変動は、さらに大陸を引き裂くような形でも起きたであろう。

もともとひとつであった大陸は、こうして急激に形を変え、分断された。今日、大陸が分かれているのは、『聖書』によれば単に「ゆっくりとした移動」によったのではなく、大洪水の際の山々の隆起や、谷の陥没《かんぼつ》、また急激な分断によったのである。

大洪水が大陸分離の原因であったことを裏づける証拠は、数多く提出されている。たとえば、米国北東部とイギリスに見られる洪水堆積層は驚くほどよく似ていて、もともとは陸続きだったことを示している。しかし、両者を結ぶ北大西洋の海盆《かいぼん》(海底の大きなくぼ地)には、この洪水堆積層がない。

これは、それらの陸地が大洪水後に分断されたことを示している。スチュアート・E・ネヴィンス博士のいっているように。

「昔、大陸が裂けたことの原因は、ノアの大洪水の巨大な激変の際の力によって、容易に説明できるのです」

このように、大陸はもともとひとつだったが、大洪水後の土地の変動によっていくつかに分断された。そしてその後も、各大陸はマントルの流体の動きやプレートの動きなどにより、年に数センチメートルずつ、互いに遠ざかりつつあるといわれている(地殻は、いくつかの「プレート」と呼ばれる板に分割されていると考えられている)。

日本列島も、わずかずつだが、ユーラシア大陸から遠ざかりつつあるといわれている。このようにして大陸は、現在の形と位置におさまるようになったのである。

激変説の復興

今まで見てきたように、大洪水以前の地球は、大気の状態、気候、地形、生物の生態など多くの点で、現在とは異なっていた。

しかし大洪水後、大気の状態や気候は大きく変化し、地表は再形成され、生態系も変わった。このような考え方を、「激変説」という。激変説は、今では多くの科学的証拠に裏づけられており、過去の地球の状況に関してもっとも適切な説明を与えるものだ。

しかも激変説は、地球の年齢や人類の年齢に関する従来の進化論的考えに対しても、大幅な修正を迫るだろう。地球、または人類が誕生してから現在に至るまでの歳月は、実は従来進化論で考えられていたほど長くはないのである。激変説は創造論の柱ともなる大切な考えである。

かつて激変説は、中世のヨーロッパなどではキリスト教信仰のゆえに、広く一般に受け入れられていた。しかし当時の激変説は、科学的知識に裏づけられていなかったので、きわめて漠《ばく》然《ぜん》としていた。

19世紀になると、フランスの学者キュビエが独特な激変説を唱えた。彼は、地層内の化石に対する解釈として、地球上にはこれまでに「何回も」天変地異《てんぺんちい》が起こり、大部分の生命はそのたびに死滅《しめつ》して新しい生物が造られたのだ、と唱えた。そして『聖書』の示す「ノアの大洪水」

は、それらの天変地異の最後のものだと考えたのである。

しかし彼の激変説は、『聖書』に一致するものではなく、また科学上のさまざまな証拠を適切に説明するものでもなかった。

その後キュビエの説は退《しりぞ》けられ、「斉一説《さいいっ》」が広まった。「斉一説」とは、現在起きている物事のゆっくりとした変化の過程は、過去のいつの時代においても同様だったとするもので、激変を認めない立場である。斉一説の考えは、「現在は過去を知る鍵《かぎ》である」という言葉でよく表される。地球の過去の歴史のすべては、現在起こっているようなゆっくりとした変化の過程で十分説明できる、とするのである。

進化論は、この仮説に立って、地球や生命が長い時間をかけて徐々に進化してきたのだ、と説明してきたものだ。進化論は、斉一説に立って構築されてきたのである。斉一説が広まった背景には、それが進化論を構築するために非常に好都合《こうつごう》だったということと、『聖書』の記述を単なる神話と見なす偏見《へんけん》があったようである。

またキュビエの激変説が不完全で、説得力に欠けていたことも、斉一説の浸透《しんとう》を助長した。近代から現代にかけて、斉一説は人々の間に力を持ってきた。しかしそのことについては、驚くべきことに『聖書』自体が、あらかじめ予期していたことであった。『聖書』はこういっている。

「第一に、次のことを知っておきなさい。終わりの日に、あざける者どもがやって来てあざけり……次のように言うでしょう。『キリストの来臨の約束はどこにあるのか。先祖たちが眠った時からこのかた、何事も創造の初めからのままではないか』」（「ペテロの第2の手紙」第3章4節）

「何事も創造の初めからのままではないか」――これはまさに、斉一説の考えである。斉一説がある程度力を持つようになることを、『聖書』は知っていたわけだ。しかし、『聖書』はさらに続けて述べている。

「こう言い張る彼らは、次のことを見落としています。…（中略）…当時の世界は、水により、洪水におおわれて滅びました」（同第3章5〜6節）。

つまり、われわれが斉一説にではなく激変説に立つべきだと、述べているのである。

本書で述べている新しい激変説は、はじめアメリカの科学者であり、創造論者である人々によって唱えられたものである。そして現在、斉一説の欠陥が明らかになるにつれ、しだいに多くの人々に受け入れられ、さらに研究が進められつつある。

ちょうど進化論が斉一説に立って構築されてきたように、創造論は激変説の上に立っている。地球の過去には明らかに、それまでの大気の状態や、気候、地形、生物の生態などを大きくぬり変えるような激変があった。それを抜きにしては地球の歴史も、生命の歴史も語ることはできない。

そしてその激変とは、『聖書』に記されているノアの時代の大洪水であったに違いないのだ。

ノアの箱舟はどのような舟だったか

次に、ノアが建造した箱舟はどのような舟だったかを、見てみよう。

『聖書』によると、箱舟は長さが300キュビトだった。キュビトというのは古代中近東で使われていた長さの単位で、手の指を伸ばしたとき、中指の先から、ひじまでの長さをいう。1キュビトは44センチといわれ、300キュビトは約132メートルになる。また箱舟は、幅が50キュビト＝22メートル、高さは30キュビト＝13メートルであった（「創世記」第6章15節）

これは今日の大型客船に匹敵《ひってき》する巨大な舟だったことがわかる。

また箱舟は、航行《こうこう》の必要はなく、ただ浮けばよかったので、今日の船舶《せんぱく》のような流線形ではなく、ほぼ箱形だったであろう。長さ：幅：高さの割合は30：5：3で、形としては比較的細長い舟であった。すなわち長さは高さの10倍、また幅の6倍という、比較的長めの船体だった。

船体は、短いと安定が悪くなる。また逆に長すぎれば、大波に乗ったとき真ん中から折れる危険がある。これは幅についても同様である。さらに、高さが高すぎても安定が悪く、低すぎても水に飲まれてしまう。

どういった長さ：幅：高さの比なら、船はもっとも安定し、もっとも丈夫で、安全だろうか。

実は、NTTの元会長であった真藤氏は、NTTに入る前には造船会社の社長をしていた。氏は大型船の理想的な形を研究するよう、研究チームに命じた。

その結果わかったことは、タンカー級の大型船にとってもっとも高い安定性と強度を持つ形は、長さ・幅・高さの比率が30：5：3の場合である、ということだった。以来、造船界では、この比率は「真藤比」とか「黄金比」と呼ばれ、タンカー級の大型船の主流となっている。

しかしこの比率は、ノアの箱舟の比率とまったく同じなのだ！

ノアは、このように理想的な船を、ろくな造船技術もない時代に作った。そこにはまさに、「サムシンググレート」の導きがあったとしか考えられない。まさに、それは大いなる知性によって「デザイン」されたものだったのである。

もちろん、『聖書』が書かれたとき、この「真藤比」を知る人物は世界にだれもいなかった。ところがノアが作った箱舟は、まさにその理想形をしていた。この一点だけを見ても、「ノアの箱舟」「ノアの大洪水」の話が、きわめて真実味のあるものであることがわかるだろう。

箱舟は、上部には天窓、側面には戸口が設けられた。内部は3階構造につくられ、いくつもの部屋に区切られた。それらの区切り用に使われた材木は、箱舟を丈夫《じょうぶ》にするためにも役立っていたことであろう。

材木としては「ゴフェルの木」が用いられ、防水用に、舟の内と外は瀝青《れきせい》（ピッチ、アスファルト）で塗られた。このように箱舟は、大洪水に備えるために、きわめてよく設計されていたことがわかる。

しかし、いかにノアの箱舟が非常に大きく、よく設計された船であったとはいえ、「そこにはたしてすべての種類の動物が入りきれたか」という問いがしばしばなされる。今日生息している生物の種類は、はなはだ多く、それらをすべて箱舟に入れようとしたなら、入りきらなかったのではないかという疑問である。

けれども、ノアが当時のすべての種類の陸生動物と鳥の代表を箱舟に入れることは、可能なことであった。これについては、生物の「種」とその意味を明らかにしなければならない。詳しくは後の章で見たいと思う。

箱舟は発見されたか

『聖書』によると、箱舟はアララテ山（現在のトルコ、アルメニア地方にある）に漂着《ひょうちゃく》した。

この山のふもとには、ナクスアナ、またはナキチュパンという町があり、ノアの墓だといわれている。この町名は、「ここにノアが来て住んだ」という意味である。

ある出版物が報じたところによると、ロシア革命（1917年）の起きる直前に、ロシアの飛行家が、近づき難《がた》いアララテ山上の氷河に、巨大な舟の残骸《ざんがい》を見たと発表したという。当時の

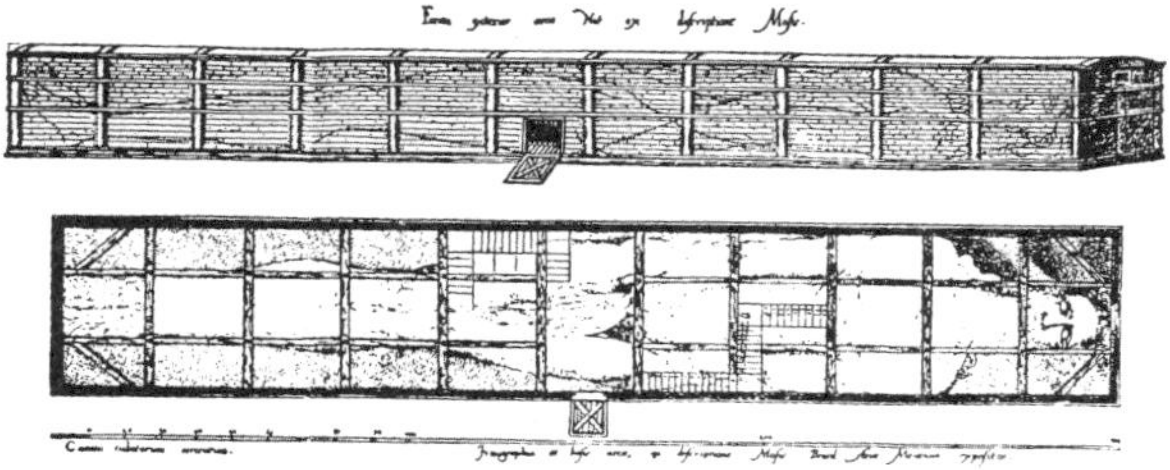

⬆（上）水が引き、漂着《ひょうちゃく》したノアの箱舟。『聖書』では、それはアララテ山だったとされる。（下）ほぼ箱形の、箱舟の再現図。

ロシア皇帝は彼らの報告を受けて、探検隊を組織し、隊員は舟を発見して、大きさをはかり、作図し、撮影した。しかしそのころ、ロシア政権は無神論革命者に打倒《だとう》され、それらの報告はついに出版されなかった。

また1954年に、フランスの登山家フェルナン・ナヴァラは、アララテ山の標高約5000メートル付近の万年氷の下から、箱舟の材木の一部を切り取って持ち帰ったと主張した。彼はこの木材について、『わたしはノアの箱舟を発見した』と題する本に発表し、話題をふりまいた。

木材の年代は、マドリード山林学調査研究所、およびボルドー大学自然科学部等の調査によって、約5000年前ないし3000年前と推定された（ノアの大洪水は約4500年前）。

その後も、箱舟らしいものを撮影したという報告が、いくつか届けられた。しかし、箱舟はアララテ山に起きた地震のために、現在は地中に埋《う》もれてしまっているのではないか、という議論をする人もいる。いずれにしても、多くの人々を納得させられるだけの決定的な証拠は、まだつかめていない。

アララテ山の登山や調査には、政治的な問題もからみ、また標高5615メートルもあるこの山の山頂付近が常に氷に閉ざされていることが、それを困難にしている。早期に本格的な調査が行われることが期待されるところである。

8人の人々から現在の人口になるのは可能か

世界の総人口は、1999年に60億人を突破した。では、大洪水から現在に至るまでの期間に、箱舟によって生き残った8人の人々（ノアとその妻、3人の息子たちとその妻たち）からこの人口にまで達することは、果たして可能だったか。

大洪水を今から約4500年前であるとして、その間に人口が8人から60億人に増加したとすると、人口は約150年ごとに2倍になってきた計算になる。

これは可能だったか。

世界総人口は、20世紀においては、1920年代半ばに20億ほどだったものが、わずか約50年後の1974年には、2倍の40億になった。また、1960年に30億だった総人口は、わずか約40年後の1999年に2倍の60億人に達した。さらに2007年には66億人に増加している。

20世紀には、2度の世界大戦があって多くの人が戦死した。にもかかわらず、20世紀における人口増加は、このように急激だったのである。つまり、それ以前の時代の増加率がもっとゆっくりであったとしても、大洪水から現在までの時間は、今日の人口を生みだすのに十分な時間だったといえるだろう。

樹木の年齢と大洪水

今日、地球上でもっとも長生きな生物は、樹木である。

アメリカに生息するメタセコイアという巨木は、樹齢数千年におよぶものがザラである。アメリカにはこの巨木の森があって、筆者も行ったことがあるが、どの木も直径が10メートルほど、また30センチもある松ぼっくりが、地面のあちこちに落ちている。

ある木などは、根もとをくり抜いて、そこを車が通り抜けられるほどだ。またその森に入ると、人間は自分が「小人」になったかのような錯覚《さっかく》に陥る。それほどの巨木の森がある。

ところで、樹木というものは、本来どれくらいの寿命《じゅみょう》を持っているのか。樹木には基本的には「寿命」というものがない、とさえいわれている。生物学者は、樹木は条件さえ整えば数万年生きてもおかしくはない、と述べている。

しかし現在の地上において、最高齢の樹木は、約4500歳である。それは米国カリフォルニア州の山麓《さんろく》に今も生きている、アリスタータ松である。世界中を見渡し、ドリルで抜き取った中身の年輪を数えても、これより古い樹木は存在しない。この松こそ地上でもっとも古い、最長寿の生物である。

これは考えてみると、不思議なことだ。条件さえそろえばいくらでも寿命をのばすことのできるはずの木なのに、最高齢は約４５００歳で、それ以上は存在しない。

この４５００年前は、ちょうどノアの大洪水があったころなのである。大洪水は全世界をおおい、すべての樹木をなぎ倒した。だからノアの大洪水があったとすれば、４５００歳以上の生物が存在しないことは、当然のことと理解される。

アリスタータ松は、大洪水の直後に土中から芽を出したのであろう。

恐竜は人類と共存していた

進化論者は、恐竜は人類が現れるよりもはるか昔、今から約６５００万年前に滅《ほろ》びたと主張してきた。しかし、これが誤りであることを示す証拠は多い。

メキシコのアカンバロ博物館に、たくさんの遺跡出土品が展示されているが、そこにたくさんの「恐竜土偶《どぐう》」がある。それらの土偶（土で作った人形）は、恐竜化石をもとに復元された恐竜と同じ形をしており、しかも、人間がその恐竜の上に乗ったりしているものさえある。

これらの恐竜土偶を、無機物《むきぶつ》を測定できる最新技術である「熱ルミネッセンス（ＴＬ）法」で年代測定した結果は、いずれも紀元前２５００年ごろ（誤差《ごさ》５～10パーセント）と出た。つまり今から約４５００年前である。

これは、ノアの大洪水の直後ごろと思われる年代である。進化論では、恐竜は今から６５０

0万年前に滅びたとされているから、この土偶はそうした考えに合わないために進化論者からはまったく無視されている。

しかしこの土偶が、事実今から約4500年前に生きていた恐竜の姿を当時の人々が見て作ったものであるならば、「恐竜は大洪水の後もしばらくは生きていた」という創造論者の考えが、裏づけられることになる。恐竜は、少なくともそのころまで生きていたのである。

また、アリゾナ州のハバスパイ渓谷《けいこく》にある古代の岩絵には、二足歩行をする恐竜の姿が描かれている。インドのデカン高原にあるビーム・ベトカーの岩山の岩絵には、頭部に人間がまたがった恐竜の姿が発見されている。米国テキサス州のパラクシー川流域には、干し上がった石灰質の川原に、「恐竜とヒトの足跡の交差した」化石が、何か所も発見されている。

さらに、恐竜が比較的最近まで生きていたことを示す、興味深い事実がある。1982年、アフリカのニジェールで、恐竜ウーラノサウルス・ニゲリエンシスの骨格が発見された。この骨は、バラバラになった状態ではなく、驚いたことに完全骨格の状態だった。しかも骨は非常にフレッシュな状態だったのだ。

すぐさま米国カリフォルニア大学、アリゾナ大学、アメリカ地質調査所、ロサンゼルス博物館、ページ博物館、東京大学の各所で、「炭素14法」などによって年代が測定された。そしてその結果は、わずか約1万～7万年前のものと出たのである。

⬆（上下とも）アカンバロ博物館の恐竜土偶《どぐう》。その年代を測定したところ、今から4500年前という数字が出されている（写真＝浅川嘉富）。

実はこれに限らず、ほかの恐竜であっても、その化石を炭素14法によって測った結果は、たとえかなり古いものであっても、「数万年前」程度としかでない。

しかも「数万年前」というこの炭素14法の数字でさえ、真の年代よりも古く出てしまっていると考えるべき理由がある。後述するように、炭素14法による測定結果は、とくに大洪水以前のものを測ったような場合は、真の年代よりも古く出てしまうからである（一般に進化論者が主張している恐竜の年代「6500万年前」は、カリウム・アルゴン法によるものである。しかしカリウム・アルゴン法は決して正確ではなく、むしろ真の年代とは何の関係もない年代を出すことが知られている。これについても後述する）。

恐竜は、進化論者の主張しているように大昔に絶滅したのではなく、比較的最近まで生きていたのである。

恐竜を見た人々

さらに、ある種の恐竜は大洪水の直後くらいまでではなく、さらにもっと最近まで生きていたと思える証拠もある。

人類の古い記録のなかに、しばしば、恐竜としか思えない動物の目撃記録が数多く記されている。『恐竜のなぞ』（SAVE新日本視聴覚伝道刊）というビデオに、次のようなことが紹介されている。

紀元前4世紀に、ギリシアのアレクサンドロス大王がインドのある町を征服《せいふく》したとき、大王は、その町の人々が、洞窟《どうくつ》に棲《す》んでいるある巨大な爬虫類《はちゅうるい》を神として拝《おが》んでいるということを聞いて、その動物を調べにいったという。するとそれは30メートルもある巨大な動物で、鼻息《はないき》が荒く、その姿の恐ろしさに兵隊たちも驚き、おののいたと記されている。30メートルもある動物といえば、アパトサウルス（雷竜）のような恐竜を思い起こさせる。

また、10世紀のアイルランド人は、珍《めずら》しい大きな動物に出会ったときのことを記録に記している。その動物には、堅固《けんご》なつめを持った太く恐ろしい足があって、しっぽには後ろを向いたとげがあり、また頭は馬のようであったと記されている。この姿は、恐竜の一種ステゴサウルスにそっくりである。

また、フランスのナールークという町の名は、昔、人々が「竜」を退治《たいじ》したことを記念してつけられたものである。「竜」と呼ばれたこの動物は、刀のような鋭《するど》い大きな角を持ち、牛よりも大きな体で川に棲んでいたとされており、これは恐竜の一種トリケラトプスの特徴と一致する。

さらに、１５００年代に書かれた有名な科学の本にも、現実に今生きている珍しい動物として、「竜（dragon）」が紹介されている。

同じころに、博物学者ユリシーズ・アルドロバンダスの記した文献にも、こんな記録が載《の》っている。

1572年5月13日に、あるイタリア農民が、道で珍しい動物に出会った。その動物は、そのころにはすでに数も少なくなっており、絶滅寸前にあった。首の長いその動物は、シューシューと音を立てていたが、農民はその頭を打って、殺してしまった。この動物の特徴は、小型恐竜の一種タニストロフェウスによく似ている。

一方、空を飛ぶ恐竜も人々に目撃されている。

古代ギリシアの歴史家で探検家でもあるテオドトスは、エジプトで空を飛ぶ爬虫類を見た、と書物に記している。「ヘビのような体で、コウモリのような羽を持っていた」とはっきり記しているのである。これは、ランフォリンクスによく似ている。

アメリカ・インディアンのスー族の先祖も、空飛ぶ恐竜を見たことがあるようである。スー族の先祖たちは、雷の鳴りわたるある日、空中で雷にうたれて空から落下するある巨大な鳥を見た。

数日後、そこへ行ってみると、その巨大な鳥の遺骸が横たわっていた。その鳥は、足と翼の両方に大きなつめがあり、長く尖《とが》ったくちばしを持ち、頭には長いとさかのような骨があった。そして翼を伸ばした全長は、約6メートルもあったのである。

この特徴は、まさにプテラノドンと完全に一致する。以後スー族の人々は、その鳥をサンダーバード（雷の鳥）と呼び、その話はインディアンの伝説として語り継がれるものとなった。

そのほか、ヨーロッパのアングロサクソン年代誌にも、空飛ぶ爬虫類の目撃記録がある。1649年のスイスの山でも、空飛ぶ爬虫類の発見が報告されている。このように、恐竜は大洪水後もしばらくの間生存し、ある種のものはつい最近まで生きていた、と思われるのだ。

中国や、スカンジナビア、またほかのヨーロッパ諸国などには、「竜」伝説が数多くある。その「竜」として描かれた動物には、さまざまな形があるが、その多くは、恐竜の姿に非常によく似ている。世界の「竜」伝説の多くは、人類の恐竜の記憶をもとに、後世の人々の脚色《きゃくしょく》が加わってできあがったと思われる。

もうひとつ、「生きていたシー・モンスター」の話をしよう。

1977年に、日本の漁師たちが網を引きあげたとき、そこに驚くべき動物の遺骸がひっかかっていた。それはすでに、死後腐敗《ふはい》で異臭《いしゅう》を放っていたが、巨大な動物の遺骸であることはその格好《かっこう》からはっきりわかった。

漁師たちはその写真を取ったのち、あまりに臭いのでその遺骸を海に返した。その写真を見た科学者は、これはシー・モンスターとも呼ばれるプレシオサウルスではないだろうか、と述べた。

なんと、進化論者が7000万年前に滅びたといっていた、海の巨獣の一種だったのである。

このシー・モンスターは、『聖書』が天地創造第5日に造られたと述べている「海の巨獣」(「創世記」第1章21節)の一種であろう。

郵政省は、シー・モンスターの発見を記念し、記念切手も発売した。ただ、シー・モンスターが現代にも生きていたという考えは、進化論に合わないために、今日進化論者のなかには異論を唱える人もいる。だから、もしあのとき漁師たちが遺骸を海に返さず、持ち帰って専門家による調査を依頼していたら、と惜しまれる。

これらすべての恐竜たちも、大いなるサムシンググレートの知的デザインの結果である。その生きた姿は今日では失われ、もはや見ることはできないが……。

第9章 人類誕生のミステリー

人類の年齢は数百万年ではない

次に、人類の年齢、すなわち人類が誕生してから現在までにどれぐらいの年月を経ているか、という問題を検討《けんとう》してみよう。

この年齢の問題についても、進化論者と創造論者との間には、大きな論争がある。進化論者によれば人類の年齢は、どれくらいといわれているだろうか。ある進化論の解説書にはこう書かれている。

「今から約250万年前になって、わたしたちの人類の祖先がついに誕生した」

しかし、この膨大《ぼうだい》な数字は、いったいどれだけ信頼に値するものなのか。

現在よく使われる年代測定法のひとつに、「炭素14（C14）法」と呼ばれる測定法がある。これは、ウォレット・レビーが考案したもので、彼はこのために、1960年にノーベル賞を受けている。創造論者もこの方法は高く評価しており、この方法は4000年前ぐらいまでのものならば、年代のわかっている考古学的文書や資料との比較によって、その信頼性が確認されている。レビーは、

「2組の年代（考古学的資料によってわかっている年代と、炭素14法による年代測定結果）は、4000年さかのぼるところまで一致している」

と述べている。それ以上さかのぼる場合は、確かな考古学的資料がほとんどないので、その信頼性をチェックすることはできないが、一般的に炭素14法は、かなり信頼できる年代測定法と考えられている。彼はこの方法によって人類の化石を調べ、人類の年齢を推定した。その結果はどうだったか。

それは、人類の年齢として「数百万年」というような数字を出したか。

いや、決してそのような膨大な数字は出てこなかった。「アメリカン・ジャーナル・フィジクス」に載《の》せられた彼の論文によると、彼はそのなかで、人類の遺骸《いがい》に関して到達できた年代は、いくら長く見ても「2万年から4万年くらいである」と結論している。

E・ハロンクウィスト博士も、炭素14法で調べられたさまざまな標本について、次のように述べている。

「ホモ・サピエンスのもっとも古い化石のひとつと考えられている頭蓋骨《ずがいこつ》（進化論者が20万～30万年前と教えているもの）は、炭素14法で、8500年を示したにすぎない。アウストラロピテクスは、100万年前から200万年前のものとされているが、アウストラロピテクスが発見されたと同じ位置の、エチオピアのオモ川渓谷《けいこく》の動物の骨の年代は、炭素14法で、1万5500年を示したにすぎない。ジャンジャントロプスが発見されたと同じところの、アフリカのケニアのオルドバイ渓谷の哺乳動物の骨は、200万年前と報告されているが、わずか1万100年を示したにすぎない」

さらに、次のように述べている。

「炭素14法の年代測定に関しては、（読者が）大学の図書館に行き、科学閲覧室《えつらんしつ》で『Radiocarbon』誌を取り、自分で調べてみるならば、以上のことを裏付けることができる。この雑誌に記されている年代と、その調査結果をみると驚くであろう。いわゆる有史以前の化石の炭素14法による年代測定が、数百人の科学者によってなされた。その中にはネアンデルタール人、クロマニヨン人、ブロークンヒル人、マンモス、マストドン、犬歯がサーベル状に発達したトラ、及び他の絶滅動物ばかりでなく、化石の木、森、石炭、石油、天然ガスの年代もすべて含まれ、これらはわずか数千年の古さにすぎないことがわかったのである」

これは、いったいどうしたことか！　進化論者がとてつもなく長い年月を与えている化石も、炭素14法によればどれもみな2万年以下である。桁《けた》を間違えているのではない。炭素14法によれば、人類の年齢は、長くても2万年程度にすぎないのだ。それでは進化論者は、いったいどこから「数百万年」というような膨大な数字をもってきたのだろうか。

進化論者は進化論に合う結果を選び取った

1967年に発見された、化石化したひじの骨の小片について、新聞は、次のように伝えた。

「ケニアで発見された骨は、人類の年齢が250万年であることを示す」

この「250万年」という数字を、進化論者はどのようにして出したのか。これは「カリウム—アルゴン法」と呼ばれる年代測定法で出されたものなのである。この方法は、放射性同位《ほうしゃせいどうい》元素《げんそ》を用いているということでは「炭素14法」と同じだが、原理的にはまったく異なっている。

炭素14法の場合は直接、生物の化石を調べるが、カリウム—アルゴン法の場合は性質上それができないので、化石のなるべく近くの火山岩の年代を調べる。カリウム—アルゴン法の与える年代は、その火山岩が冷えて固まったときの年代をさすことになっている。そしてその火山岩の年代をもって、その生物の年代と見なすのだ。

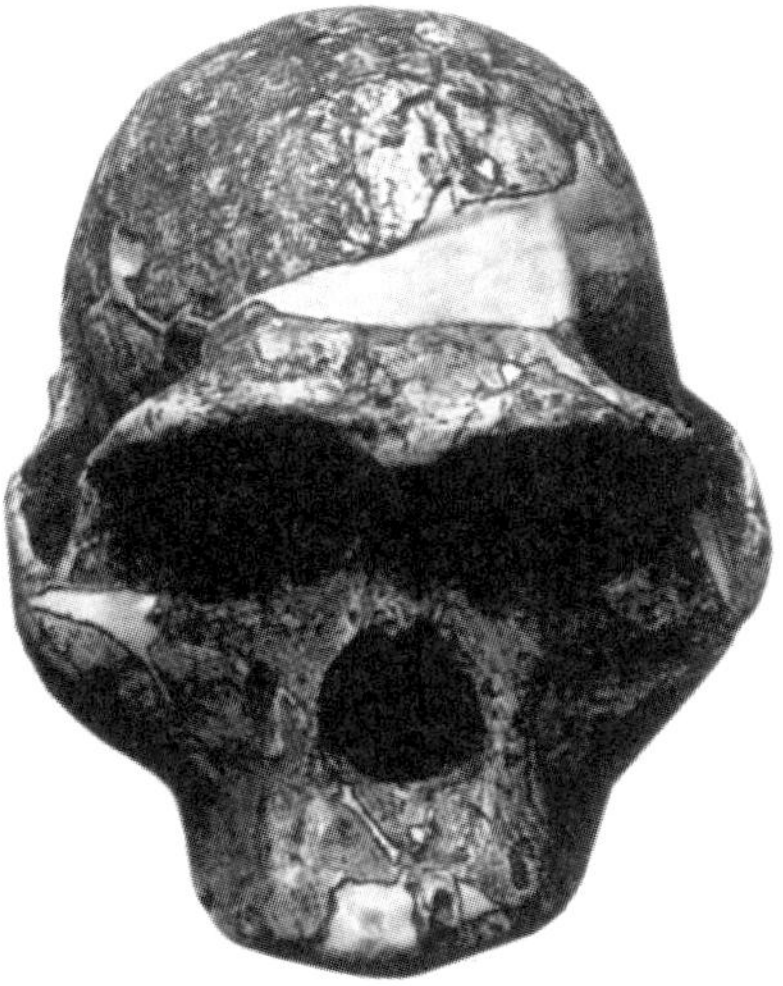

⬆アウストラロピテクスの頭蓋骨《ずがいこつ》。260万年前と主張されているが、その数字を出した年代測定法は、いい加減《かげん》な年代を出すことで有名だ。

ところが、このカリウム—アルゴン法による年代測定は、信頼性に疑問が持たれている。カリウム―アルゴン法は、放射性カリウムの「半減期《はんげんき》」を利用して年代を測るものだが、その「半減期」は13億年もある。そんな膨大な時間をかけて、カリウムは半分がアルゴンになる。

カリウム―アルゴン法は、このカリウムとアルゴンの割合を測って、年代を決めようとするものである。数千年前のものであろうと、数百万年前のものであろうと、この方法で年代を測定しようとすれば、「半減期」の数字が何桁も違うのだから、それはあたかも「時針しかない時計で秒をはかる」ようなものなのである。正確な数字は、とても期待できない。

また、この方法はいくつかの薄弱《はくじゃく》な仮定に基づいており、実際、今やこの方法による結果がきわめて不確かで、信頼性に乏しいことは、全世界から報告が入ってきている。東大の小嶋稔博士は、こう述べている。

「『カリウム―アルゴン法』は、往々《おうおう》きわめて古い、もちろん真の年代とはまったく関係のない年代を与える傾向のあることが、知られている…（中略）…（また）求められた年代が、岩石の真の年代なのかどうかのチェックが大変むずかしい、という欠点をもっている」

たとえば、ハワイのファラライ火山で１８００年から１８０１年に形成されたとわかっている溶岩《ようがん》を、カリウム―アルゴン法で測定した結果が、１９６８年発行のある学術雑誌に出ている。カリウム―アルゴン法の半減期は13億年もあるので、このようにわずか１７０年前のものを測ると、その結果はほとんどゼロと出なければならない。ところが、1億6000万年ないし30億年前に形成されたと出て、どう取り扱ってよいかわからないと報告している。

また1968年10月11日付けの科学雑誌「サイエンス」は、200年に満たないとわかっている火山岩が、1200万～2100万年を示したと報告している。

同様な結果は、ノルウェー、ドイツ、フランス、ロシアなど、世界各地から報告されており、カリウム―アルゴン法が、往々にして真の年代よりも、はるかに古い年代を示すことを告げている。

また、有名なリチャード・リーキー博士が発掘したアウストラロピテクス――進化論者が「猿人《えんじん》」と呼び、最古の人類と呼んでいるもの――にあてがわれた年代は、この方法を用いたもので、「260万年前」とされている。ところが年代測定の専門家E・T・ハル教授によると、最初調べられたときは、「2億2000万年前」と出たという。

しかし、これは年代があまりに古すぎるという理由だけで拒絶《きょぜつ》され、別の岩石の標本が調べられた。この標本の年代は、もっと受け入れやすい年代「260万年前」という数値を出した。それで、この数値が採用されたのである。

このことにも表れているように、進化論者は常に、自分たちの進化論に合う結果だけを選び取り、ほかの結果は無視してきた。しかし進化論者が採用した年代は、単に都合のよいものを選んだだけであり、きわめて根拠に乏しく、信頼に値しないといわなければならない。

人類の年齢は6000年程度!?

進化論者は、炭素14法による結果が彼らの進化論に合致《がっち》しないことがわかると、カリウム―アルゴン法による結果をもってきて、それを採用した。しかし、それはカリウム―アルゴン法による結果が信頼に値するとわかったからではなく、単にその結果が、長い時間を必要とする進化論の考えに合ったからにすぎない。

進化論者には、一般に、きわめて長い年月を与える方法を受け入れようとする傾向がある。それは、人類がここまで進化するために長い年月を必要としたという考えに、とらわれてしまっているからだ。ヘンリー・M・モリス博士のいっているように、「進化論の証拠は、単に進化を前提としているにすぎない」のだ。

進化論の「証拠」とされたものは、単に「進化は事実だ」という信仰に合うと見えるものを持ってきたにすぎない。実際は、進化論に反する多くの証拠がある。

われわれの手元にあるもっとも信頼できる証拠は、人類は生まれてから、まだそれほどの年月を経ていないことを示している。実は、さきほどの炭素14法が与えた「数万年」という人類の年齢でさえ、真の年齢よりも大きくなってしまっている、と考えるべき理由があるのだ。

炭素14法は、４０００年くらい前までのものならば、あらかじめ考古学的に年代のわかっているものと照らし合わせ、調整することによって、その精度《せいど》を高められている。しかし、４０００年以上さかのぼるものに関しては、考古学的に年代のわかっているものがほとんどないので、その精度の確かさを知ることができない。

しかも、炭素14法は、ある特殊な前提の上に立っている。その前提とは、「大気中の炭素14の量は、全時代を通じて一定だった」というものだ。もし一定であったなら、４０００年以上前のものでも正しい計算ができるが、一定でなかったなら、正しい計算はできない。しかし、ノアの大洪水以前の地球における大気中の炭素14の量は、現在よりも少なかったと考えるべき理由がある。

先に述べたように、大洪水以前の地球の上空には、「大空の上の水」と呼ばれる厚い水蒸気層が存在し、地球と大気をおおっていた。この水蒸気層は宇宙線の侵入をはばみ、宇宙線によって大気中に生成される炭素14の量を、少なくしていたであろう。

当時の炭素14の量が今より少なかったとすれば、年代を算出する際にどのように影響するだろうか。ある科学雑誌は、述べている。

「大気中の炭素14が今より少なかったとすれば、その生物が生存していたときからの期間としてわれわれが算出するものは、長すぎることになろう」

つまり、大洪水前のものを炭素14法で測ると、その結果は、真の年代よりも古く出てしまうことになる。したがって人類の真の年齢は、先に述べた炭素14法の示す結果「数万年」にさえも及ばない。

人類の創造は、『聖書』の文字通りの解釈によれば、今からおよそ6000年前である。炭素14法による結果は、『聖書』のいう人類の年齢6000年という数字を、ほぼ支持していることになる。

そのほか地球、月、太陽系、宇宙の年齢についても、進化論者が主張しているものより本当はずっと若いという数々の証拠がある。それについては、本書の姉妹書『オーパーツと天地創造の科学』（久保有政著　学研ムー・ブックス）に詳しく述べてあるので、そちらをご参照いただきたい。

現生人類は最初から存在していた

ところで、進化論の教科書を読むと、必ずといっていいほど出てくるのが、人類の祖先とされる、あの毛むくじゃらの「猿人」や「原人《げんじん》」の絵である。よく引き合いに出されるのは、アウストラロピテクス、ジャワ原人、北京《ペキン》原人、ネアンデルタール人、クロマニョン人などだが、これらについて、ある進化論の解説書は次のように説明している。

「人類の中でいちばん古いのは…（中略）…アウストラロピテクス（南のサルの意）という動物だと

いわれている。これはサルと人間の中間のものだが、石を割って石器を使う知恵を持っていた」「アウストラロピテクスよりも少し新しいものには、ジャワ島で発見されたピテカントロプス（ジャワ原人）とか、中国の北京の近くの周口店《しゅうこうてん》で発見された北京原人とよばれる人類がある。これらは、50万年くらい前に生きていた」

「ネアンデルタール人と呼ばれる、猫背《ねこぜ》で、がにまたの人類が今から十数万年前に、ヨーロッパや中央アジアや、北アフリカに広く住んでいた」

「今から約5万年前から約1万年前までの時代になると、現在の人類と同じ人間が、広くヨーロッパに住むようになった。この連中を、クロマニョン人という」

進化論者は長い間、人類はアウストラロピテクスなどの「猿人」から、ジャワ原人・北京原人その他の「原人」が出、そこからネアンデルタール人などの「旧人《きゅうじん》」が出て、最後にクロマニョン人などの「新人《しんじん》」が出てきた、と説明してきた。

「原人」は学名ではホモ・エレクトス、「旧人」はホモ・サピエンス・ネアンデルターレンシス、「新人」はホモ・サピエンス・サピエンスといわれている。進化論者は、「猿人」→「原人」→「旧人」と進化発展し、最後に、現生《げんせい》人類である「新人」が出現した、と主張してきたわけだ。

しかし最近では、この考えが誤りであることを示す印象的《いんしょうてき》な証拠が、多く提出されている。

現生人類は、進化論者が「猿人」とか「原人」「旧人」などと呼んだものが生息していたまさにその時代に、すでに生息していたのである。米国アリゾナ州トゥクソンにある考古学研究所の所長ジェフリー・グッドマンは、その著『人類誕生のミステリー』でこう述べている。

「（この結果は）現生人類が、ネアンデルタール人（旧人）に先立ち、すでにホモ・エレクトス（原人）の時代に生息していたことを示すものである」

「南アフリカの化石や、同じような東アフリカの化石は、ホモ・エレクトス（原人）とホモ・サピエンス・サピエンス（現生人類）とが、まさに同じ地区で共存していたという事実に当面させる。…（中略）…一言にして言えば…（中略）…この2つの種は、進化的意味からは無関係であるとの説明を補強するものである」

「化石記録は…（中略）…アウストラロピテクス（猿人）とホモ・エレクトス（原人）とは同時に存在していた…（中略）…ことを支持している」

こうした共存の例は数多く発見されており、いまや現生人類が、「アウストラロピテクス」「ホモ・エレクトス」また「ネアンデルタール人」と呼ばれたものと同時代に存在していたことは、確実とされている。

グッドマン所長はこう結論している。

「最初の新人類は、従来考えられたよりはるかにスマートであったばかりか、それもずっと早くからそうであった」

　進化論者がときおり、「ある地層内で人類の祖先を発見した」と主張して、話題を振りまくことはある。しかしその後その周囲をよく調べてみると、それと同じ地層から、あるいはそれより下の地層から、今生きている人類とまったく同じヒトの骨が発見されたりする。

　すなわち、進化論者がアウストラロピテクスや、ホモ・エレクトスと呼んだものが何であったにせよ、それらは現生人類の先祖などではなかったのである。これは、人類ははじめから人類として存在していたという、創造論者の主張を裏づけるものなのだ。

⬆ネアンデルタール人は、大洪水以前に生きた人類の一種族だったと思われる。

　人類は、サルやサルに似た動物から進化して生まれたのではない。人類の歴史に、「猿人」→「原人」→「旧人」→「新人」というような進化的発展はなかった。人類ははじめから人類として誕生したのである。

　では、進化論者が「サルのような動物からヒトに至る過渡的状態を示す中間型（移行型）」と主張してきたアウストラロピテクス、ジャワ原人、北京原人、ネアンデルタール人などは、いったい何だったのだろうか。

アウストラロピテクスは絶滅動物の一種だった

まず、アウストラロピテクスから見てみよう。

アウストラロピテクスは、はじめ1924年にレイモンド・ダートの手によって発掘されて以来、サルのような動物とヒトの中間である「猿人」と主張されてきた。しかし今日では、多くの学者の手によって、その考えが間違いであることが明らかにされている。たとえば著名な人類学者、ラトガース大学のアシュレー・モンテギュー博士はこう述べている。

「アウストラロピテクス類は…（中略）…ヒトの直接の祖先にも、ヒトに至る進化の系列にもなり得ない」

アウストラロピテクスは、ヒトの祖先ではなく、まったく異なったほかの動物だったに違いないのだ。たとえば、解剖学と人類学の教授チャールズ・オクスナード博士が1975年に発表したところによると、「多変量解析《かいせき》」という方法で調べた結果は、アウストラロピテクスはヒトでも類人猿でも、またその中間の移行型でもなく、まったく異なったものであることを示していた。

さらに最近、リチャード・リーキー博士は、彼が新しく発見したより完全なアウストラロピテクスの前脚と後脚の化石は、この動物が直立歩行をしていなかったことを示している、と述べた。

つまりアウストラロピテクスは、大洪水以前に生息し、後に絶滅した、サルやゴリラに似た動物の一種に過ぎなかったのである。

「ジャワ原人」や「北京原人」は進化の証拠ではない

進化論者は、「原人」（ホモ・エレクトス）すなわちまだサル的な特徴を残した最初の人類として、「ジャワ原人」や「北京原人」と彼らが呼ぶものを、よく取りあげてきた。しかしこれらは、いずれも今日では進化の証拠としての価値を失っている。

「ジャワ原人」は、1891年、進化論に感化された若者ユージン・デュボアによって発見されたとされているが、その証拠とされる骨といえば、頭蓋骨と、歯と、大腿骨《だいたいこつ》の3つだけであった。それらの骨からデュボアは、この動物は直立歩行をしていたもので、サルとヒトの中間型であると考えた。そして得意になって、「ついにミッシング・リンク（失われた環＝中間型）を発見した」と報じ、この動物をピテカントロプス・エレクトス（直立する猿人の意）と命名した。

しかし当時デュボアの説明は、当時の一流の解剖《かいぼう》学者ルドルフ・バーコウ博士や、W・H・バロウ博士らによって強く批判された。頭蓋骨は大腿骨から14メートルも離れたところで発見され、歯は頭蓋骨から数メートルも離れたところで見つかったからである。

そんなに離れた場所から見つかったものを、どうして同一の体に属《ぞく》していたと判断できるのか。

しかし、これらの骨が同一の体に属していた証拠はまったくなかった。同一の体に属するものとして結びつけたものは、デュボアの進化論的想像だけだったのだ。

また、のちにその地層をもう一度よく調べてみると、その同じ地層から、今と同じ人類の遺骨も発見されている。つまり「ジャワ原人」が何であったにせよ、それは人類の先祖などではなかったのである。

一方、「北京原人」はどうか。

「北京原人」も、やはりヒトの骨とサルの骨とが組み合わせられたものだ、と考える人が少なくない。中国の北京では、サルの脳みそを食べる習慣《しゅうかん》があり、脳みそを食べた後、サルは近くに捨《す》てられた。それで北京では、サルとヒトの化石化した骨が、近くで発見されることがある。

「北京原人」の化石といわれたものは、第2次世界大戦中に失われてしまったので、今日われわれはそれを見ることができない。

そのため、当時はできなかった化学検査や、そのほかの進歩したハイテク技術によって、今日それを調べ直すことすらできない。

そのようなものを、いまだに「進化の証拠」と称《しょう》して教科書にかかげる進化論者の態度には、問題があるといわなければならないだろう。このように「ジャワ原人」にしても「北京原人」にしても、手元にあるのは、わずかな骨、あるいは80年も昔の発掘記録と、進化論的先入観に満ちた人々の膨大な想像だけなのである。

「原人」と呼ばれるものはほかにもいくつかあるが——といっても1ダースとないが——進化の証拠としての価値を持っていないということでは、大同小異である。

「ジャワ原人」にしても「北京原人」にしても、またそのほかの「原人」といわれるものにしても、ヒトがサルのような動物から進化してきたという説の証拠とはなり得ない。「猿人」とか「原人」というようなものは、もともと存在しなかったのである。

あったのは、サルと、サルに似た絶滅《ぜつめつ》動物と、ヒトである。サルのような動物とヒトの中間は、現在も、また化石にも存在していない。サルははじめからサルとして存在し、ヒトもはじめからヒトとして存在していた。

進化論者は、サルの祖先から枝分かれしたものが進化してヒトになったと考えているが、それを裏づける根拠はまったくない。

サルもヒトも、『聖書』が述べているように同時代に創造され、同時代に存在しはじめたことを、化石記録は物語っているのである。すべては知的デザインの結果として、存在しはじめたのだ。

ネアンデルタール人は完全に「ヒト」だった

一方、ネアンデルタール人は、かつては進化論者によって、「前かがみで、ひざをひきずり、毛深く、ぶつぶつ声を出し、骨高の額《ひたい》、そしてその下のくぼんだ眼窩《がんか》から外をのぞきながら、何か獲物はないかと歩いている類人」として、さかんに取りあげられたものである。

そしてその絵や彫像《ちょうぞう》が、進化論を広めるために長年利用されてきた。それは、そうした前かがみで歩く姿がサルの歩く姿に似ているので、進化論者が進化を説明するのに、恰好《かっこう》の材料だったからである。

しかし『ブリタニカ大百科辞典』には、次のように述べられている。

「一般に普及しているこの人類についての概念《がいねん》、つまり前かがみの姿勢、足をひきずりながらの歩行、そして曲がったひざ、これらは20世紀初頭に発見されたネアンデルタール人の1体の人骨の、肢骨《しこつ》のある特徴を誤って解釈したことの産物である」

20世紀初頭に発見されたネアンデルタール人は、その骨の状態から、曲がったひざをもっていて、前かがみで歩いていたものなのだと解釈された。そして進化論者は、この1体の人骨を、ネアンデルタール人がまだサル的な要素をもつヒトであったとする証拠として用いた。

ほかにもネアンデルタール人の化石は多く見つかっており、それらはみな完全な直立歩行をしていたことを示しているのに、ただ1体の骨から得られた結果が、そのように使われたのである。

しかし今では、この前かがみのネアンデルタール人は、ひざに、くる病とか関節炎とかの病気を持っていたのだということがわかっている。生物学者デュアン・T・ギッシュ博士は、こう述べている。

「今では、これらの『原始的特徴』は、栄養上の欠陥《けっかん》と、病的状態によるものであることがわかっており、ネアンデルタール人は今では完全な人として分類されている」

このようにネアンデルタール人は、完全に「ヒト」だった。しかも、ネアンデルタール人の脳の容積は現代人のものよりも多少大きかったとさえいわれており、また「肩から首にかけて盛り上がるようにして走っていた筋肉も、なかった」のだ、と。

それでジェフリー・グッドマン博士はこう述べている。

「ネアンデルタール人が肩を曲げ、かがんだ形で、あまり賢《かしこ》くない動物と考えるのは、主に初期研究者たちの先入観による間違った固定観念である」

このように、ネアンデルタール人は現代人と同じようなヒトだったのであり、進化論者が描いたあのサルに似た姿は、まったくの空想の産物にほかならなかったのである。

ネアンデルタール人は、大洪水以前に生きたヒトの一種族だったと思われる。彼らはわれわれと同じヒトであったのだ。

クロマニョン人は現代人に勝るとも劣らなかった

進化論者によると、今から約5万年前になると、現在の人類と同じ人間が広くヨーロッパに住むようになったとされ、彼らは「クロマニョン人」と呼ばれている。

有名なフランスの「ラスコー洞窟」の壁画《へきが》は、クロマニョン人が描いたものである。これは今から「約3万年前」のものといわれている。ところが、炭素14法によって調べられた年代は、「約1万年前」と出ている。しかしこれでは、絵が非常に古いとする進化論者の考えに合わないために、この年代は斥《しりぞ》けられている。

進化論者によれば、生命の長い進化の末に、ようやく現在の人間に似たものが現れ、その一例がクロマニョン人だということになるわけである。しかし創造論者によれば、クロマニョン人は人類創造後、歴史の比較的早い時代、まだ文明がそれほど発達していないころに生きた民族以外のなにものでもない。

実際、よく知られているように、クロマニョン人の脳の大きさの平均は現代人のものよりも200～400CC大きく、頭脳も体格もりっぱなものだった。彼らは身体的・能力的に、現代人に勝るとも劣らなかった。ジェフリー・グッドマンはこう述べている。

「クロマニョン人は、一般に少し頑丈《がんじょう》で、また少し筋肉が発達している点を除けば、現代人と区別できない」

ヒトとサルの中間型は存在しない

以上見てきたように、進化論者がヒトの進化の各段階を示していると主張してきたこれらのものは、いずれも進化の証拠ではなかった。

⬆クロマニョン人は身体的・能力的に、現代人と差はない。彼らも人類の一種族にほかならない。

アウストラロピテクス類は、ヒトでも、「猿人」でも、ヒトの祖先でもなかった。それは、大洪水以前の絶滅動物の一種だと思われる。ジャワ原人や北京原人も、サルのような動物とヒトの中間型ではない。それらは、サルの祖先から枝分かれしてヒトに進化したという、進化論者の主張の証拠となっていない。

また、ネアンデルタール人やクロマニョン人は、現代人と同じ人間であり、中間型ではなかった。ほかにも「猿人」とか「原人」と名づけられているものはあるが、いずれも進化の証拠たり得ない。ヒトとほかの動物の間隔《かんかく》を埋めるものは、事実上ひとつもないのである。このように、サルあるいはそれに似たものから、ヒトへと次第に進化してきたという説を支持する真の証拠は、いずこにも見当たらない。

膨大な数の証拠は、「人間は初めから人間として創造され、しかもその創造は最近のことであった」という『聖書』の記事の正しさを裏づけているといっていい。読者はこれを、驚くべき結論と思うだろうか。しかしこれこそ、健全な科学を総合したときにいえる結論なのである。

ヒトとサルの間の中間型がないことについては、たとえ進化論者であっても、正直な人ならば認めている。たとえばツッカーマン卿《きょう》は、類人猿に似た動物からヒトへと姿を変えていく「化石上の痕跡《こんせき》は、ひとつもない」と述べている。

読者は、学生時代に生物の授業で、人間はサルのような動物から次第に進化してきたのだという説を、化石などを並べられて、あたかも証明された事実であるかのように教えこまれてきたことを思い起こすであろう。

しかし、サルのような動物からヒトに至る中間型はおろか、生物のあらゆる種間で、かつて「中間型」と主張されたものも、みな中間型などではなかったことが判明しているのである。

ヒトは、はじめからヒトだったのだ。知的デザインによりヒトとして創造されたのである。

第10章

生物の化石とミッシングリンク

生物の種の「中間型」はない

進化論者は今日まで、生物は単細胞生物→無脊椎《むせきつい》動物→魚類→両生類→爬虫類《はちゅうるい》→鳥類や哺乳《ほにゅう》類→人間というように、下等なものからしだいに進化してきたのだと主張してきた。

しかし、もし本当にそのように進化してきたのだとすれば、これら生物の各種類の間に、「中間型（移行型）」の化石が、数多く発見されるはずである。すなわち、明確にその移行を示すような化石である。中間型の化石は2、3見つかるという程度では、十分ではない。進化の理論は、おびただしい数の中間型が発見されなければならないことを、予期している。

ところが、今日世界中でさまざまな種類のおびただしい数の化石が発掘されながら、真に「中間型」であると認められている化石は、ひとつも見出されていない。たとえば、アメリカの著名な古生物学者キッツ博士は、次のように述べている。

「古生物学者は、中間型がないのが事実であるということを認める状態に、いよいよ傾いている」

また、創造論《そうぞうろん》を支持する科学者として有名なギッシュ博士およびブリス博士も、次のように述べている。

「化石記録上、種《しゅ》の間には整然とした間隔《かんかく》がある。進化モデルに基づいて期待される中間型の

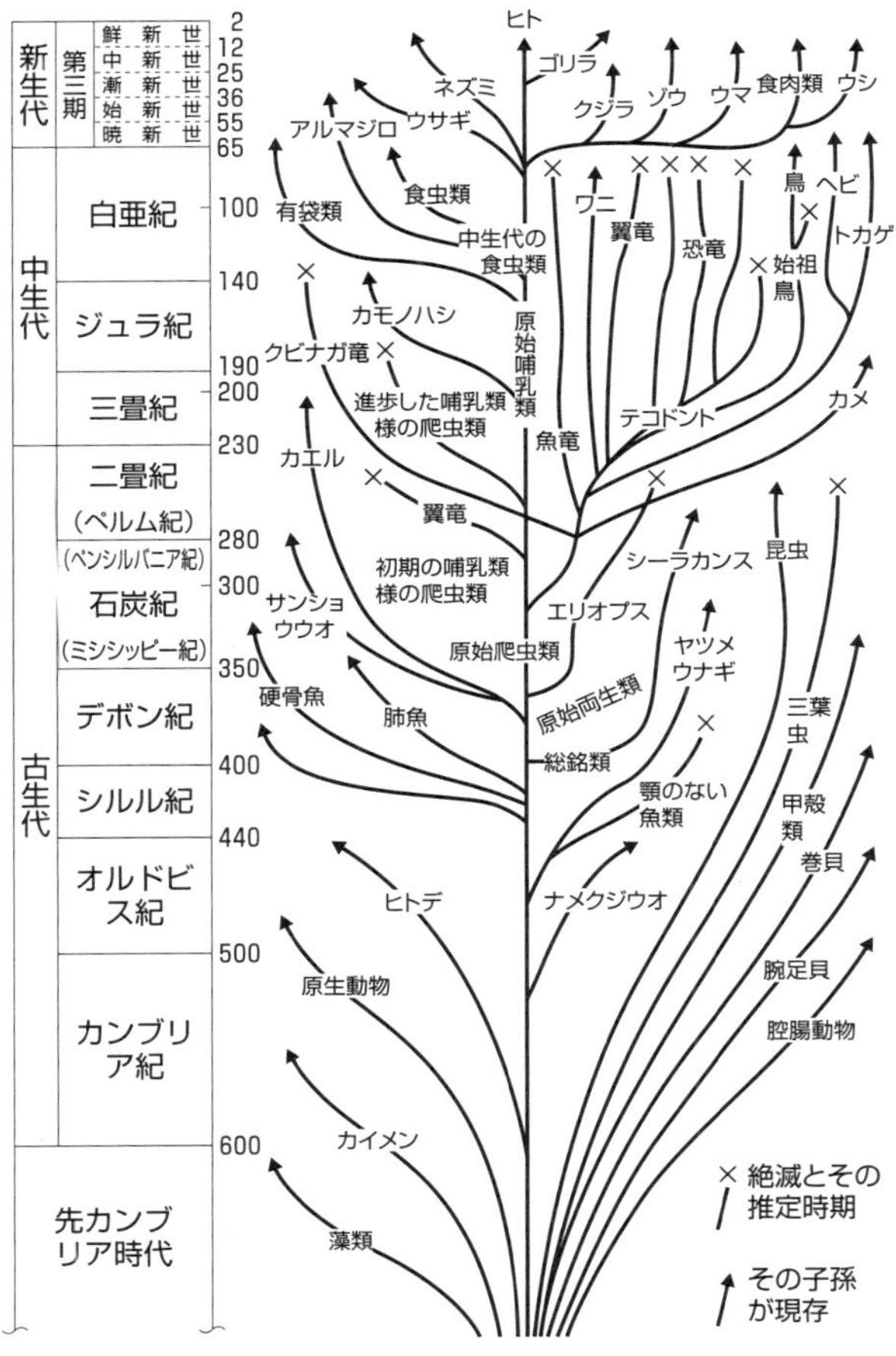

⬆進化論が説明する生物の系統樹《けいとうじゅ》。この図のように生命は、下等なものからしだいに進化してきたとする。だが、種と種をつなぐ「中間種」は、未《いま》だに発見されていないのだ。

化石は、単細胞生物と無脊椎動物の間、無脊椎動物と脊椎動物、魚類と両生類、両生類と爬虫類、爬虫類と鳥類または哺乳類、または下等な哺乳類と霊長類《れいちょう》のいずれの間にも見出されない」

長い間進化論者は、「中間型」であるといういくつかの化石を示唆《しさ》してきた。しかし、今やそれらもみな、真の中間型ではなかったことが明らかにされている。たとえば数少ない中間型の例として、進化論者はよく「始祖鳥《しそちょう》」を引き合いに出してきた。始祖鳥は多年にわたって、爬虫類から鳥類への中間型であると、主張されてきたものである。しかし、アメリカの科学誌「アクツ・アンド・ファクツ」の1977年12月号では、「始祖鳥は最近、中間型として失格した」といわれ、その証拠が解説されている。始祖鳥が出土した地層よりも、ずっと下の層から、より鳥らしい鳥の化石が発見されたのである。

この化石を発見したテキサス大学の古生物学者サンカル・チャテジー博士は、それは、「飛ぶためのいろいろな特徴が備《そな》わっており――始祖鳥よりも現在の鳥に近い」と述べている。始祖鳥は「始祖の鳥」ではなかったし、爬虫類と鳥類の中間型でもなかったのだ。

これについては東京農工大学の日高敏隆教授も、「始祖鳥が爬虫類と鳥類の真の中間型、すなわち両者の分岐点《ぶんきてん》に立つ動物であるという考え方は、捨てられなければならない」と書いている。「始祖鳥」と呼ばれたものは大洪水以前に生息し、のちに絶滅した動物の一種であった

⬆科学博物館に展示された「馬の進化図」。ところがそれは、単に大きさ順に骨を並べただけのデタラメなものだった。

と、創造論者は考えている。

また、生物の形態が進化移行してきたという例として、進化論者がよく引き合いに出してきたのは、「ウマの進化図」である。しかし著名な生物学者ノーマン・マクベス博士は、最近のアメリカのテレビ番組で、「ウマの進化図」について、次のような事実を明らかにした。

「1905年、進化論を証明しようと、馬の化石を全部展示する展示会が計画された。アメリカ自然史博物館において、馬は鮮《あざ》やかに並んだ。だれも彼も、これを進化論的系統樹《けいとうじゅ》だと思った。しかし実は違ったのである。それは別々のときに、別々のところで集めた馬の化石を、単に大きさの順に並べただけのものであった。けれども、今さら教科書から外すことはできない。そのために多くの生物学者自身、この事実を知らないでいる。実際、数年前に、ある古生物学者とラジオ討論会を行ったとき、『系統進化などない』と私がいったところ、彼は『博物館に行ってウマを見ろ』という。彼は、あれが単に大きさ順に並べられただけのものであることを、知らなかったのである。

進化論者が「進化の証拠」とした「ウマの進化図」は、このようにまったくのデタラメであった。ほかにも、進化論者が多年にわたって種と種のあいだの「中間型」と主張してきたものはあるが、いずれも真の中間型ではなかったことが明らかにされている。

断続平衡説

また最近では進化論者のなかにも、中間型がないのが事実であると正直に認《みと》める人々も、増えてきている。彼らは今までの「漸進的《ぜんしんてき》進化説」に替えて、「断続平衡説《だんぞくへいこう》」というものを唱えている。

漸進的進化説は、ゆっくりとした小さな進化が数限りなく積み重なったとするものだ。それは、ゆっくり坂を上ることにたとえられる。一方、断続平衡説は、すみやかで大きな進化が過去にときおり起きて、段階的に進化が進んできたとするものである。それはいわば、階段を上ることにたとえられる。

断続平衡説に立つ進化論者は、「中間型化石を残さないほど、進化がすみやかに起こった」と主張する。つまり断続平衡説は、中間型化石がないことを認めたうえで、なお進化論を唱えようとするものだ。しかし、そのような急激で飛躍的な進化というようなことが、果たしてあり得るのか。

生物の種と、別の種の間に存在する違いというものは、たとえ一見近縁《きんえん》と思われる種間であっても、形態においてだけでなく、細胞レベルでも、染色体《せんしょくたい》レベルでも、遺伝子《いでんし》レベルでも、非常に多くの違いを持っている。そのような数多くの変化が一挙《いっきょ》に起き、一挙に別の生命体が、しかも完全な形で出現したというのは、よほど神秘的な力でも信じない限り受け入れられないものである。

断続平衡説は、分子生物学の知識と完全に矛盾《むじゅん》している。

断続平衡説は、単なる想像にすぎず、何の証拠もないのだ。いや、あるのはその説を否定するものばかりである。進化論者は、漸進的進化説がダメだとわかると、そのかわりに断続平衡説を持ってきた。こうして進化論は、今やどうにもならない袋小路《ふくろこうじ》に入ってしまっている。

断続平衡説というようなものが進化論者の間で唱えられるようになったのは、進化論者自身が、中間型がないことを認めるようになったということを示している。膨大な化石記録は、中間型の存在を否定しており、進化の事実はなかったことを証明しているのだ。

生物は当初から、魚類は魚類、鳥類は鳥類、哺乳類は哺乳類……だったのであり、種類ごとに存在していたのである。すべては知的デザインの結果なのだ。

「突然変異」は進化を妨害するだけだった

進化論において、「突然変異《とつぜんへんい》」は進化の主役とされてきた。進化論においては、生物は「突然変異」の積み重ねによって、しだいに複雑で高度な機能を持つ生物に進化してきたとされている。

だから突然変異は、実質的に進化の唯一《ゆいいつ》の原動力である。より高度な生命形態への突然変異が起こり得たならば、進化も可能だったことになり、起こり得なかったとすれば、進化は不可能だったということになる。

しかし、今や多くの科学者が指摘《してき》しているように、突然変異は進化を押し進めるどころか、進化を妨害し、生命の存続を危機《きき》に追いこむものでしかなかった。突然変異は、その生物に有利な変化をもたらすのではなく、不利な変化しかもたらさないのである。

われわれは学校で、「ショウジョウバエ」の突然変異の例を学んだ。しかしそれを観察した結果も、突然変異によってもたらされたのは「異常に短いハネ、変形した剛毛《ごうもう》、盲目《もうもく》などの重大な欠陥《けっかん》」にすぎなかった。ヒトにおいて、障害児《しょうがいじ》が生まれたり、遺伝病が起こったりすることがあるのも、突然変異の結果である。

突然変異とは「異常」であり、「障害」であって、生命の歴史において生命体を改悪することはあっても、改善し「進化」させることはできなかったのだ。

進化論の教科書などではよく、

「突然変異はほとんどの場合有害だが、長い時代の間には、いくつか有益《ゆうえき》な突然変異も出てきて、それが進化の原動力となったに違いない」

というような教え方がなされる。しかし、アメリカの著名な科学者ゲーリー・E・パーカー博士は、数多くの有害な突然変異のなかで、たとえ万一、その生命体にひとつ、あるいはいくつかの「有益な」突然変異が起こったとしても、結局それも生命体を進化させることは不可能だったことを、明らかにしている。

というのは、突然変異によって引き起こされた欠陥や障害は、歳月《さいげつ》とともに遺伝子のなかに重い「遺伝荷重《かじゅう》」を負わせ、積もり積もっていくからである。「遺伝荷重」とは、遺伝子エラーの積み重ねで、生命体にかかる負担《ふたん》となり、遺伝的に次の代に伝わっていくので、代を重ねるごとに重くなり、ついには致命的なものとなる。

したがってその過程で、有益と見える変異がたまたま起こったとしても、積もり積もった数多くの障害のなかで、それも役に立たない。歳月がたてばたつほど、その傾向は強くなり、結局突然変異は進化を妨害し、「種」の存続を脅威《きょうい》にさらすだけなのだ。

また、生命体に真に有利な突然変異、あるいはほかの種に移行し得るような突然変異を実際に観察した人は、だれかいるだろうか。だれもいない。また実際に、ひとつの種からほかの種に移行した生物を見た人も、ひとりもいない。理論も観察も、ほかの種への突然変異はなかったことを示している。進化はなかったのだ。

すべての生物は、『聖書』の述べているように「種類にしたがって」創造され、同時期に存在しはじめたと考えたほうが、事実によく適合しているといえる。

人類の歴史の始めにおいては、近親結婚に支障はなかった

ここで、「遺伝荷重」の問題と、人類誕生のころの近親結婚との関係について、述べておこう。

突然変異によって遺伝子のなかに積もり積もっていく「遺伝荷重」は、時間とともに悪化していくが、人類の歴史の始めにおいては、「遺伝荷重」の問題がなかったために、近親結婚にも支障《ししょう》がなかった。

『聖書』を見ると、人類の歴史の始めにおいては、近親結婚がなされていたことがわかる。アダムとエバは、最初に「カイン」を生み、次に「アベル」、次に「セツ」を生んだ。セツを生

んだ後も、

「生めよ。増えよ。地に満ちよ」(「創世記」第1章28節)

との神の命令に従って、多くの子供たちを生んだ。これら少数の人々から人類が増え広がっていったわけで、当初の結婚は近親結婚であった(近親相姦《そうかん》ではない)。

『聖書』に反対する人々は、しばしば『聖書』の矛盾をつこうとして、よく「カインの妻はだれか」ということを問う。カインは弟アベルを殺してしまった。そののち『聖書』は、

「さて、カインは妻を知った」(「創世記」第4章17節)

と記している。しかし当時、人類はアダムとエバとカインの3人だけだったはずだ。だからカインが「妻を知った」というのは、『聖書』の矛盾ではないかという主張である。

しかし、これは矛盾でも何でもない。『聖書』は、アダムは、セツを生んでのちも多くの「男子と女子とを生んだ」(「創世記」第5章4節)と記している。つまりカインは、やがて自分の妹(あるいは姪《めい》)が生まれ、彼女が成長したのち、彼女と結婚したのである。『聖書』によれば大洪水以前の人々は非常に長命で、当時の人々は何世代もあとの子孫を見たからである。

つまり人類の開始期の結婚は、近親結婚だった。しかし当時はまだ、近親結婚は遺伝的に何の問題もなかったのだ。パーカー博士はこう述べている。

「人類の歴史のはじめに、近親間での結婚は、はじめのうちは遺伝荷重がほとんどなかったた

めに、問題を起こしませんでした」

近親結婚がなぜ今日よくないとされているかというと、近親結婚の夫婦からは障害児が生まれる可能性が高いからである。

遺伝子というものは、すべてふたつが一組になっている。そして子は、父親から遺伝子をひとつ、母親から遺伝子をひとつもらう。たとえそれらの遺伝子のどこかにエラーがあっても、もう一方の遺伝子の同じ部分が完全なら、子どもに障害は起きない。完全な遺伝子がエラーを補《おぎな》うからである。

しかし、父親と母親が近親の場合、両方の遺伝子の同じ部分にエラーがある可能性が高くなる。もし同じ部分にエラーがあると、その子どもは障害を持つ。だから、近親結婚は避けるべきといわれているのである。

けれども人類の開始期において、アダムとエバの遺伝子はふたりとも完全だった。当時はまだ遺伝子エラーが蓄積されていなかったので、近親結婚も何ら支障がなかったのである。最初の知的デザインは完全だったのだ。

シーラカンスも巨大トカゲも進化していない

化石記録のなかには、しばしば「シーラカンス」と呼ばれる一風変わった、ヒレの大きな魚

⬆捕獲《ほかく》されたシーラカンス。かつてはこの魚が、魚類から両生類への「中間種」だと考えられていた（写真＝共同通信）。

の遺骸が発見される。

この魚は、胸びれや腹びれが長く、その付け根も太くなっており、進化論者の目には、それらが両生類の足に発達する前段階のように見えた。またシーラカンスは、「肺魚《はいぎょ》」の一種であり、エラで水を呼吸する以外に、浮き袋が肺の作用をして空気呼吸をすることもできた。

それで進化論者は、シーラカンスを、魚類から両生類への移行段階における中間型（移行型）の一種と考えてきた。シーラカンスは太古の時代に生きた原始魚であり、魚類と両生類の橋渡しの役目を終えたあとに絶滅した、と考えていたのである。

ところが半世紀前、このシーラカンスがアフリカのマダガスカル島沖の海で、漁師たちの網《あみ》によって偶然にも捕獲《ほかく》された。その後何十匹も捕獲され、今もその付近にたくさん生息していることが確認されている。

「生きた化石」といわれるこのシーラカンスを綿密《めんみつ》に調査した結果は、どうだったか。進化論者が「7000万年前に死に絶えた」と主張していた太古のシーラカンスの化石と、今も生きているシーラカンスとの間に、何らかの変化、または進化が認められただろうか。

まったく認められなかった。シーラカンスは、化石の時代から何の進化論的変化も遂《と》げていなかったのである。このようにシーラカンスも、「生物は進化しない」ことの有力な証拠なのである。この魚も、中途半端な進化の産物ではなく、知的デザインによってはじめからそのように造られたものなのである。

また、進化論者の描いた太古の動物たちの絵には、よく巨大トカゲの姿が描かれる。そしてわれわれは、「ああ、昔はこんな巨大なトカゲが生きていたのだな。そういうなかから、さらに進化が進んで、今のような生物界になったのか」と思わせられてしまう。ところが、巨大トカゲは現代においてもまったく変わらずに生きているのだ。インドネシアの小さな島には、コモドドラゴンと呼ばれる巨大トカゲが生息している。その姿は、進化論者が太古の巨大トカゲとして描くものと同じである。

コモドドラゴンは、成長すると体長約3メートルにも達する。それどころか、なかにはもっと大きくなるものがあって、8メートルにもなるものを見た、という人々がインドネシア人のなかにいる。

コモドドラゴンは、地中深く9メートルのところに、1度に30個ほどの卵を産む。卵がかえると、生まれたコモドドラゴンは、地表に向かって必死にのぼってくる。そしてまだ子供のうちは、木にのぼったりしている。しかし、大きくなると、地をはいまわりながら暮らすようになる。

コモドドラゴンは、化石にも見出されている。しかし、化石のコモドドラゴンと、今生きているコモドドラゴンとの間には、何の変化も何の進化も認められない。コモドドラゴンも、「生物は進化しない」ことの証拠のひとつなのである。

生物は進化していない

しかし「生物は進化していない」という証拠は、シーラカンス、コモドドラゴンなどに関してだけではない。実は、あらゆる動物・植物に関していえることだ。

進化論者が「何億年前」または「何千万年前」などと主張している化石の動物——クラゲ、イソギンチャク、貝、魚、トンボ、ハチ、鳥、そのほかあらゆる爬虫類、両生類、哺乳類に関して、それを今生きているものと比べてみたとき、そこには何の変化も何の進化も見出されないのである。

植物についても同様である。進化論者が「何億年前」といっているイチョウやブドウの葉の化石を調べてみても、現在の葉と何の違いもない。進化論者は、今まで多くの想像に満ちた絵を描いて、生物界は原始的なものから現在のようなものに進化してきたのだ、と主張してきた。ところが実際は、「進化」などというものは空想の産物にすぎなかったのである。

たとえばコモドドラゴンは、たしかに昔は世界の広い地域に生息していた時代があっただろう。しかし今は、インドネシアだけに見られるようになった。これは単に、ほかの地域ではすでに絶滅し、あるいはインドネシアに生息地域が追いやられて、そこに限られるようになったということを、意味しているにすぎない。進化の考えは、ここには当てはまらない。

シーラカンスもそうである。それらは昔、世界の広い地域に見られる時代があった。しかし今は、一部の地域に限られている。生息地域が追いやられ、限定されるようになった。そうした生息地域の移動、限定等の変化はあったが、生物進化はなかったのである。

化石記録を調べてみると、今はいないが過去には生きていたという動物が、たしかに存在したことがわかる。恐竜などはその代表である。しかし、過去にいてのちに滅びた生物があったからといって、進化の考えが正しいわけではない。

単にそれは、過去のその生物が環境に適応《てきおう》できずに絶滅した、ということを物語っているにすぎない。過去には、絶滅した動植物がたくさんある。最近では、18世紀までイギリスに一風変わった鳥が生きていたことが知られているが、すでに絶滅してしまって、今はもうその姿を見ることができない。

現在も、絶滅の一歩手前にある動物たちが少なくない。トラも、今では世界中で数が少なくなり、絶滅の危機にあるとして保護が叫ばれている。日本でも、つい最近、日本産のトキがついに絶滅した。そして中国のトキを輸入して、必死に繁殖《はんしょく》を試みている現状がある。

サムシンググレートが世界を創造したとき、生物界は数多くの種に満ちていた。しかし人間界に罪が入り、世界に病気や、死、苦しみ、争いが入ったとき、しだいに絶滅する動植物も出てきた、ということが『聖書』から読みとれる。したがって、生物の種はときとともに減る一方であって、決して増えることはない。

生物界は、創造された直後が、いちばん種の数が多かったのである。

また『聖書』によれば、はじめ動物はみな草食であり、肉食は存在しなかったという（「創世記」第1章30節）。弱肉強食はなかったのだ。しかし人間界に罪が入ったとき、生物界にもしだいに肉食が広まっていったとしている。今日、われわれは生物界を見て、ときに生物界は過酷《かこく》だと思うことがある。しかし『聖書』によれば、創造当初の生物界には穏《おだ》やかな平和が満ちていたのである。

第11章 進化論は完全に崩壊した

進化論を広めるためになされたでっちあげ

進化論を広めるために、悲しいことに多くの「誇張《こちょう》」や「でっちあげ」がなされてきた。

先に述べたように、進化論者は長いこと、単に大きさの順に並べたにすぎないあのウマの化石を、進化の証拠として用いてきた。この「ウマの進化図」については、著名《ちょめい》な生物学者エルドリッジ博士（進化論者）も「ひどい資料」と呼び、

「それを教え、それを事実として掲示《けいじ》しているのは、実に嘆《なげ》かわしいことである」

と述べている。つまり、それは進化論者によるデザインの結果にすぎなかった。人をだますための知的デザインである。

また、進化論の進展の途上《とじょう》においてなされた「でっちあげ」の例として、「ピルトダウン人」や「ネブラスカ人」の化石も、同様に悪質である。

「ピルトダウン人（ダウソンの原人）」と呼ばれたものは、かつてもっとも重要な化石のひとつとされ、ヒトの古い先祖として、本でも取り扱われた。それはほんのひと握りの骨にすぎなかったが、進化論を信じる画家たちは、それを基にして、ヒトの祖先とされる、あの毛むくじゃらの原人の姿を描いた。そして教科書に載せ、博物館に飾った。

しかしずっと後になって、ピルトダウン人は「偽作《ぎさく》」であることが判明したのだ。「発見」と

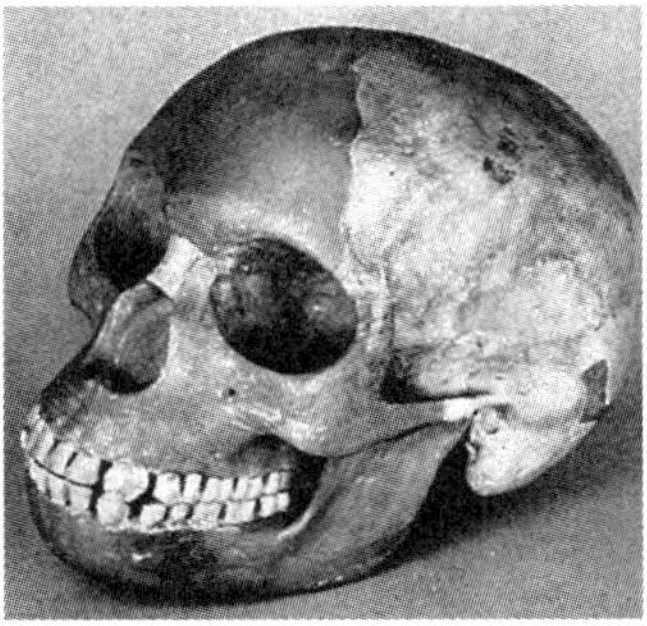

↑（右）ピルトダウン人の頭骨。これは加工が施《ほどこ》された偽作《ぎさく》だった。（左）「ネブラスカ人」の「歯」。正体はブタの歯だった。

騒がれてから41年後の1953年のことだった。解剖学的、化学的検査の結果、あごはサルのもので、頭骨は現代人のものと判明した。そしてそれらは、古く見えるように加工が施《ほどこ》されていたのである。

また「ネブラスカ人」も、かつて人類の先祖としてもてはやされたが、その化石とは、要するに歯1本だけであった。しかも、後にその歯は、ブタの歯であることがわかった。そのほか「ラマピテクス」はオランウータン、「オルス人」はロバの頭骸だった。「ハイデルベルク人」は現生人類のものであった。

このように後日になってその正体が明らかにされ、進化論の教科書から姿を消してくれた場合はよいほうで、進化論者はいまだに、進化論の証拠としていくつかの資料に固執《こしつ》している。しかし今ではそれらのものも、その虚偽性《きょぎせい》が明らかにされている。

英国スワンシー大学の生物学者デレク・エイガー教

授は、

「自分が学生時代に学んだ進化に関する物語のすべては、今では実際上、化《ば》けの皮がはがされてしまい、受け入れられないものである」

と述べている。また、英国博物館の古生物学者コーリン・パターソン博士は、1981年にニューヨークの博物館の公開集会で、50人を越える分類学の専門家や来賓《らいひん》に対して、次のように語った。

「私も最近まで、ギレスピー（創造論に反対する進化論者のひとり）の見解をとってきました。しかしそのとき、『目が覚めた』のです。『私は長い間、進化論をなにか啓示《けいじ》された真理でもあるかのように思いこまされ、だまされてきたのだと気づいた』のです」

進化論の崩壊を認める科学者が増えている

このように、かつて「進化の証拠」と主張された多くの事柄も、今日ではみなその価値を失うようになった。いまや進化の決定的な証拠は、ひとつもない。

そのため今日では、進化論者のなかにも、進化の証拠がきわめて乏《とぼ》しいことを率直に認めるようになった人々が増えてきた。たとえばイヤランゲン大学の進化論者アルバート・フライシュマン教授は、こう述べた。

「進化論には重大な欠陥《けっかん》がある。ときがたつにつれて、これらの欠陥はいっそう明らかになってきた。もはや実際の科学的知識と一致しないし、事実を明確に把握《はあく》するにも十分とはいえない」

進化論者G・A・カークト教授は、こう述べた。

「進化論を支持する証拠は、仮説以上のものとしてこの説を認めるほど、強力なものではない」

進化論者ダーキー・トンプソン博士は、

「20年にわたる私たちの『種の起源』研究は、予期しない失望的な結果となった……」

指導的な進化論者ローレン・エイスリー博士は、

「多くの努力が失敗するにつれて、科学は生命の起源について理論を立てなければならないが、それを立証できないという、困難な立場に立たされた」

と述べた。日本の代表的生物学者、今西錦司《いまにしきんじ》教授も、

「進化は歴史であって、科学ではない」

と述べ、失意のうちに進化論研究から離別《りべつ》した。このように多くの進化論者が、自分たちの理論の弱さと、証拠のなさを認めているのである。

では、それなのになぜ、多くの人はいまだに進化論に固執するのだろうか。それは率直にいって、インテリジェント・デザイン論や、創造論の知識が欠けているから、といっていい。

世界と生命の起源を説明する理論は、事実上、進化論か、インテリジェント・デザイン論／創造論のどちらかしかない。それでインテリジェント・デザイン論や創造論の知識が欠けていると、人は進化論の欠陥に気づきながらも、進化論に固執せざるを得ないのだ。

人間は何も信じないわけにはいかないからである。

多くの人は、インテリジェント・デザイン論や創造論による科学的な説明に関して、まだ十分な知識を持っていない。これらは、単なる宗教で、やみくもに信じることだと思っている。しかし実際は、インテリジェント・デザイン論や創造論は、今まで見てきたように進化論よりはるかに健全な科学的根拠を持っているのである。

進化論は、世界と生命の起源を見事に説明する理論であるかのように人々に教えこまれてきたので、多くの青年たちはいまだに、進化は科学的に立証《りっしょう》されたものだと思い込んでいる。しかし実際は、いまや世界中の知識人や科学者のなかに、進化論を捨て去る人々が多くなっているのだ。

たとえば、カナダの偉大な地質学者ウイリアム・ドーソンは進化論について、

「人間の不可思議な現象のひとつだ。なにしろ、あれには証拠がまったくないのだから」

と述べている。英国の科学振興協会会長アンブローズ・フレミングは、

「進化は、根拠のない信じ難いもの」

と述べた。またアメリカ原子力委員会のT・N・タシミアン博士は、

「進化を生命の事実としてふれまわる科学者は、はなはだしく人を欺《あざむ》くものであり、その語るところは、最大の人かつぎとなりかねない」

と述べ、進化論を、

「ごまかしと、あてずっぽうの、込み入った寄せ集め」

と呼んだ。そのほか進化論を、「大人向けのおとぎ話」（ブーヌール）、「神話」（myth C・H・ピノック博士）と呼ぶ人もいる。

さらに、進化論の間違いを認めるだけでなく、インテリジェント・デザイン論や創造論のほうが科学的事実をよりよく説明できると認めるようになった科学者も、現在では増えてきている。たとえば、スミソニアン協会の著名な生物学者オースチン・H・クラーク博士は、率直にこう述べた。

「人間が下等な生命形態から、段階的に発達してきたという証拠はない。いかなる形においても、人間をサルに関連づけるものは何もない。…（中略）…人間は突然に、今日と同じ形で出現した。……主な動物群に関する限り、創造論者のほうが、もっともよい論拠をもっているようだ。主な動物群のどれかが、ほかの群れから生じたという証拠は、少しもない。それぞれの種が特別な動物の集まりであって……特別な、ほかと区別される創造物として出現したものだ」

科学者が間違うことがあるか

「進化論のように多くの人々に受け入れられ、常識化したものが、実は誤りだったというようなことが、本当にあり得るのだろうか」

と、問う人もいるのではないかと思う。しかしわれわれが歴史を振り返ってみるならば、これについて、ひとつの有益《ゆうえき》な教訓《きょうくん》を得ることができる。

かつて中世のヨーロッパでは、多くの人々は「天動説」を信じていた。しかしこの天動説は、当時においては非常に権威《けんい》ある「科学」だった、という事実にわれわれは注意を払わなければならない。

天動説は、2世紀のエジプトの大天文学者プトレマイオス（英語ではトレミー）の著した「惑星運行説明図」によって人々に受け入れられ、広まった。それは何世紀もの間（実に1400年もの間）、人々の間で権威を持ちつづけたのである。

それは非常に精巧《せいこう》な「科学」だった。プトレマイオスは、地球は静止《せいし》しているという考えに立って、惑星の運行を「偏心円《へんしんえん》」とか「周天円《しゅうてんえん》」という考えを導入して説明したのである。それは高度な数学を用いた理論であって、当時の正統的な科学として、広く人々に受け入れられていた。

しかしそこに現れたのが、天文学者コペルニクス（16世紀）であった。

コペルニクスは、当時受け入れられていたプトレマイオスの体系が非常に複雑で、観測される運動を説明するために非常に多くの「周天円」を必要とし、それでも完全には説明できないことに着目した。コペルニクスはおおよそ20年の検討《けんとう》を経《へ》て、地動説の体系を完成し、『天球の回転について』という本にまとめた。

「太陽が動いているのではなく、地球のほうが動いているのだ」

という発想は、まさに180度の転換である。われわれはときおり、発想の大きな転換を意味して、「コペルニクス的転換」という言葉を使うが、その言葉はここから来ている。またそれは、巨大な「パラダイムシフト（考え方の大転換）」であった。

もっともコペルニクスの地動説は、地球の回転軌道《きどう》を正円と考えて作ったものであり、今日の地動説から見ると不完全ではあったが、それでも彼が当時地動説を唱えたことで大きな転換点となったのである。

地動説が広まる以前の中世の時代において、天動説は、正しいと見られていた強力な科学上の学説であった。それが持っていた権威は、現在進化論が人々の間で持っている権威に比べられる。

われわれは、進化論が広まっているこの世の中にあって、むしろ「コペルニクス的転換」「パラダイムシフト（考え方の大転換）」が必要である。すなわち「人は偶然の積み重ねによって、下等生物から進化してきて生まれた」のではなく、「はじめから人として創造された」という発想の転換である。この発想の転換、思想の転換なしに、真理に至ることはないだろう。

古い科学対新しい科学

ある人はいうかもしれない。

「中世の教会は、コペルニクスやガリレイの地動説を迫害《はくがい》した。結局、教会は間違っていて、地動説のほうが正しかった。これは宗教に対する科学の勝利を意味する」

このような論理は、進化論者によって何度も宣伝《せんでん》されてきた。筆者自身、何度も聞いてきた話だ。ところが、実際はこれは、決して「宗教対科学」というような構図の対立ではなかったのである。

先に見たように天動説は、中世においては正統的と見られた立派《りっぱ》な「科学」だった。そこに、新しい科学的理念に立ち、地動説を唱える人たちが現れた。つまりそれは「古い科学対新しい科学」の対立だったのである！

そして、コペルニクスやガリレイはふたりとも熱心に『聖書』を信じるクリスチャンだった、ということも忘れることはできない。

コペルニクスは教会の司教だった。彼はその聖職《せいしょく》のかたわら、惑星《わくせい》の動きを研究し、地動説を唱えた。一方、望遠鏡の観察によってコペルニクスの地動説を擁護《ようご》したガリレイも、地動説が『聖書』に矛盾しないことを説明する手紙を大公妃《たいこうひ》クリスティナと、友人カステリに宛《あ》てて書き送っている。

つまり彼ら自身、『聖書』を信じる有神論者だったのである。また意外に知られていないが、当時のカトリック教会の要人のなかにも、地動説を支持する人々が少なくなかったのだ。

さらにその後、ケプラーという大天文学者が現れたが、彼は太陽のまわりを回る惑星の軌道が楕円形《だえんけい》であることを見出し、その物理法則を発見した（ケプラーの法則）。ケプラーはその法則を発見したとき、創造者の偉大さを思い、ひざまずいて神を讃《たた》えたと伝えられている。

彼らは、地動説と『聖書』は調和するものであることを知っていた。地動説こそ、神の知的デザインをよく説明すると考えたのである。

一方、地動説を迫害した人々は、当時正統的な科学と見られていた天動説にまどわされ、『聖書』に対する正しい理解を失っていたのだ。また、さまざまな人間的要素もからんでいた。いずれにしても、このように天動説と地動説の対立は、根本的には宗教的なものというより、古い科学と新しい科学の対決だったのである。

今日も、進化論者とインテリジェント・デザイン論者、また進化論者と創造論者の間に、論争が繰り広げられている。

これも根本的には「古い科学対新しい科学」の対立である。

進化論は現代の天動説なのだ。われわれは先入観によってではなく、純粋な科学的思考によって、どちらが正しいかを判断しなければならない。

筆者は、インテリジェント・デザイン論や創造論の考え方をもっと人々に紹介する機会さえ与えられれば、日本でももっと多くの人々がインテリジェント・デザイン論者、あるいは創造論者になるであろうと確信している。

また、これにより人々の科学に対する探求心がさらに増すであろう。

アメリカで、ある実験が行われたことがある。私立学校で、進化論者と創造論者の先生が互いに同じ時間だけ授業を受け持ち、生徒たちに教えた。すると、科学に対する生徒たちの興味と探求心が非常に増し、生徒たちは爛々《らんらん》と目を輝かせて授業に耳を傾けるようになったという。

筆者はかつて、東大の地球物理学専攻の学生が創造論に関して質問してきたとき、何時間か彼に創造論の考え方を教えてあげたことがある。何週間かのち、彼から手紙が来た。その手紙には、「私はこれまで進化論を教えこまれてきましたが、今はもう進化論を信じていません。創造論を支持します」と書いてあった。

「種」とは何か

ここで生物の「種《しゅ》」の概念《がいねん》について、もう少し詳しく見ておきたい。「種」とは何だろうか。「種」とは生物の「種類」のことだが、それをどう分類するについては、おもにふたつの考え方がある。ひとつは進化論者の「系統的種《けいとうてきしゅ》」の考え方、もうひとつは創造論者の「本質的種(natural species)」の考え方である。

進化論者は、生物は単純な生物から系統的に進化しつづけ、多様な生物に分れたと考えている。これを彼らは、「系統樹」と呼ばれる図に表している。進化論者は、各生物の類似関係を調べ、

「この生物は、あの生物に似ているから、あの生物から進化したのだろう」

といった推測に基づいて、この「系統樹」の図を作った。系統樹の根拠は、単に生物の外見や、構造上の類似関係にすぎない。系統的種とは、この系統樹に表された種のことである。系統的種は、過去にさかのぼると、ほかの(系統的)種と交わるのが特徴だ。

系統的種の場合、何をもってひとつの「種」とするかは、学者によってしばしば意見が異なる。ある学者がひとつの「種」としたものを、細分主義のほかの学者が200以上の「種」に分類する、といったこともある。

一方、創造論者の信じる本質的種とは、どのようなものか。本質的種の特徴は、過去に向かってどこまでさかのぼっても、ほかの（本質的）種とは交わらない、ということである。しかし、特徴を述べる前に、本質的種の意味を明確にしておこう。

たとえば「イヌ」には、秋田犬、土佐犬、シェパード、コリー、ブルドッグ、グレーハウンド、フォックステリヤ、プードル、グレイトデンなど、さまざまな「型（変種・品種）」がある。そのほかイヌの品評会などに見られるような、40～50の多くの型がある。これらはみな、大きさ・色・毛並み・形などの点で、互いに異なっている。われわれはこれらの型を、別々の「種」に区別すべきだろうか。

いや、これらは外見の違いにもかかわらず、どの型も互いに容易《ようい》に交配《こうはい》し、繁殖力《はんしょくりょく》のある子孫を生むことができる。これらの型はみな、「イヌ」というひとつの「本質的種」に属《ぞく》しているからである。

「プードルのような小さなイヌと、コリーのような大きなイヌが交わる、というようなことがはたしてできるのか」

と問う人もいるに違いない。確かに、これらのイヌは大きさがかなり異なるので、通常の状態で交尾《こうび》するのは楽ではない。けれども大きさによる困難を除《のぞ》いてやると、これらすべての型は互いに容易に結合し、正常な子孫を残す。つまりプードルもコリーも、「イヌ」というひと

⬆（上）進化論者の説く「系統的種」。この場合、過去にさかのぼるとほかの種と交わる。（下）創造論者の「本質的種」では、過去にさかのぼっても、決してほかの種と交わらない。

つの本質的種に属しているのである。

イヌの本質的種のなかには、いわゆる「犬」だけでなく、ジャッカル、オオカミ、コヨーテも含まれる。これらは互いに交配し、生殖能力のある子孫を生むことが可能である。ひとつの本質的種のなかに、「変異」によってさまざまの型（変種・品種）があるわけである。

「ウシ」の場合も同様である。ウシの本質的種のなかにも、約40以上の型がある。それらすべては互いに容易に交配し、生殖能力のある子孫を生むことができる。ウシのすべての型は、やはりひとつの「本質的種」に属しているからである。

これはウマ、ブタ、ネコ、サル、またほかの動物、植物など、あらゆる生物についていえる。ヒトにもさまざまな人種（黄色・白色・黒色人種、大人種・小人種など）があるが、これらすべての人種はひとつの「本質的種」に属している。

つまり「本質的種」とは、互いに交配が可能で、生殖能力のある子孫を残せる生物のグループを指す。同じ「本質的種」に属する生物は、必ず生殖細胞《せいしょくさいぼう》中に同じ数、同じ型の染色体を持っている。そのために、外観の違いに関係なく、生殖が可能なのである。

本質的種の区別は不変である

次に、本質的種の区別は不変である、ということを見てみよう。

人間は、イヌのさまざまな型を雑交《ざっこう》させて、イヌの品評会《ひんぴょうかい》に見られるような多くの型を作りだしてきた。しかしイヌは、どこまでもイヌである。イヌからネコが生まれたり、ウシが生まれたり、何か別の新しい動物が生まれたりすることはない。イヌの子はイヌである。

生物は、自分の本質的種の範囲《はんい》内で「変異」することは可能だが、その範囲を飛び越えて、別の新しい本質的種を形成することはできない。ひとつの本質的種から別の新しい本質的種が分かれ出ることは、決してない。

同様に、ふたつの本質的種が交配して、別の新しい本質的種が生まれ出てくる、ということも決してない。生物は、ほかの本質的種に属する生物とは、交配できないからである。イヌは、決してネコと交配できない。イヌとネコの「合いの子」は生まれない。本質的種が違うからである。イヌとネコでは、生殖細胞中の染色体の数や型が違うために、生殖ができないのだ。

ただ、まれに近縁種《きんえんしゅ》間の場合に、交配して子が生まれる例がある。ウマとロバは、別の本質的種に属する動物だが（両者は染色体数が異なる）、ウマとロバは交配して雑種の子ラバを生む。

では、これは新しい本質的種となるだろうか。いや、ならない。なぜならラバとラバは、交配して子を生むことができないからである。ラバには生殖能力がなく、子孫を残せないのである。オスのラバには、まったく生殖能力がない。そのため、ラバは1代限りで滅《ほろ》びる。雑種の子は、絶滅に向かうのである。

しかしまれに、メスのラバのなかに、生殖能力のあるものがある。ところがこのメス・ラバは、「ラバ」と呼ばれていても、実質的に「ウマ」なのである。

どういうことかというと（よく読んでほしい）、メス・ラバとウマが交配して子を生んだ場合、ウマが生まれる。このウマは、ウマとウマの間に生まれたウマと、まったく同じである。また、メス・ラバとロバが交配して子を生んだ場合、ラバが生まれる。このラバは、ウマとロバの交配によって生まれたラバと、まったく同じである。つまり、この生殖するメス・ラバは、「ウマ」と置き換えることができる。

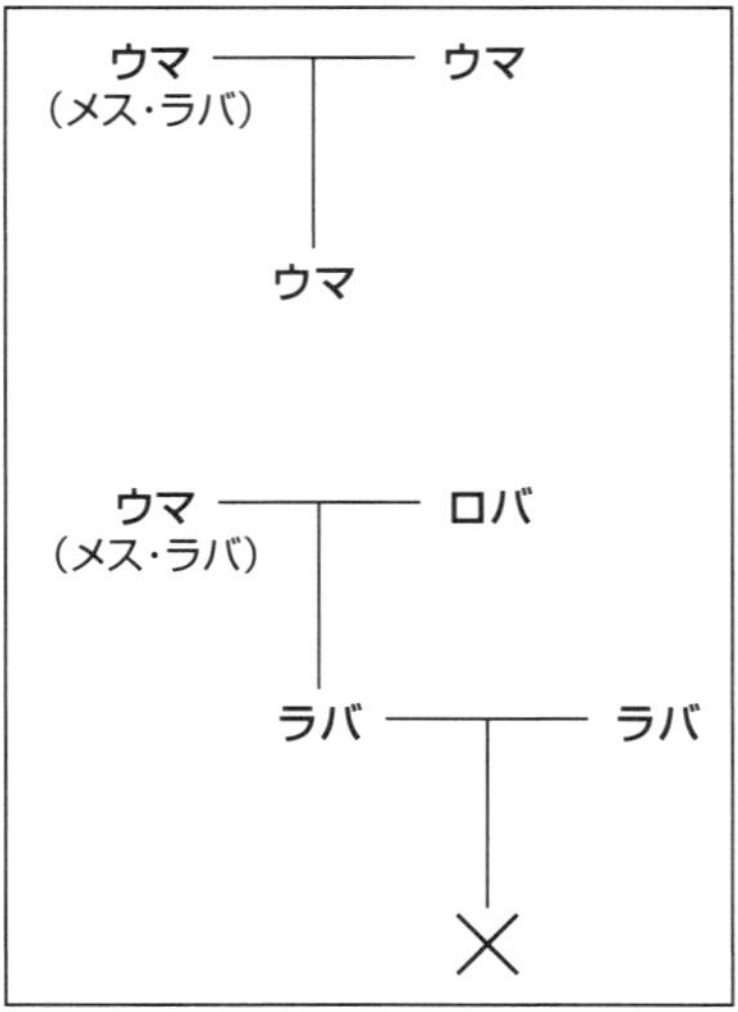

⬆ウマとロバの交配《こうはい》。合いの子＝ラバとラバは交配して子を生むことができない。種の限界だからである。

それは名は「ラバ」でも、実質的にはウマなのである。

このように、雑種の子がまれに生殖能力を持っていて子孫を生んだ場合でも、その子孫は、親のどちらかの本質的種に戻ってしまう。完全に戻ってしまう。雑種の子は、生殖能力がなくて絶滅するか、または親の一方の本質的種に戻ってしまうかの、どちらかなのである。

そのため雑種の子は、決して新しい本質的種とはならない。ふたつの本質的種を掛け合わせて別の本質的種が作られた、ということは一度もない。雑種の子はきわめて不安定なのである。

進化論者が今までに、ふたつの種を掛け合わせて「独立した別の種を作った」と主張したものはあるが、厳密《げんみつ》な検査に耐え得たものはひとつもなかった。真に新しい種が作られたことは、一度もない。

たとえば進化論者は、「新しい種が作られた」という例として、しばしばオオマツヨイグサをとりあげる。かつてオランダの植物学者ド・フリースは、オオマツヨイグサを研究して、はじめは1種であった植物から、突然に10種近い植物が生まれたことをつきとめた。彼はこの研究をもとに、「突然変異によって新しい種が作られた」と唱えた。

しかし実際は、それは同じ種の範囲内で、さまざまな品種（型）が作られただけの話だったのである。イヌという本質的種のなかに様々な品種があるのと同じだ。

キャベツや、ブロッコリー、カリフラワーなども、突然変異によって新しい種が作られた例として語られることがあるが、実際は、同じ種の範囲内で変異が起こっているにすぎない。

このように新しい「品種」が作られることはある。今日もさまざまな「品種改良」が行われ、新しいバラが作られたり、新しいイネが作られたりしている。

しかしそれは、同じ本質的種のなかでの変異にすぎない。本質的種の垣根を飛び越えてまったく別の新しい種が作られることは、決してないのだ。

かつて、進化論の生みの親ダーウィンは、生物界に「本質的種」というものが存在しているという考えを、抹消《まっしょう》しようと努力した。彼は生物界に「本質的種」というような不変の区別はない、種は変動的である、と主張した。

しかし、その後の生物学の進歩は、ますます本質的種の区別と、その不変性を明らかにした。本質的種の区別は、天地創造以来、厳然として存在しているのである。アメリカ合衆国農務庁植物繁殖局のO・T・クック博士は、遺伝学の月刊誌にこう書いた。

「すべての動植物が『種』に編成されていることは、生物学の根本事実である。…（中略）…真の生物学的観察は、生物が『種』として存在するという基本的事実を、決して無視できない」

生物界は、それぞれの種ごとに、デザインされたのである。

最初に創造された生物は、本質的種の代表だけだった

さて、サムシング・グレート＝神が生物を創造されたとき、そこに造られた最初の生物は、おそらく、これら本質的種の代表だけであった。

ヒトが造られたとき、そこに造られたのはアダムとエバという、1組の夫婦だけだった。は

じめにアダムが造られ、次にアダムからエバが造られて、ふたりは夫婦となった。全人類は、彼らから出てきたわけである。黄色・白色・黒色人種の先祖として、3組の夫婦が造られたわけではない。

イヌの場合も、はじめからコリーや、プードル、グレイトデンなど、さまざまな型が創造されたわけではない。

最初に造られたのは、雌雄1組のイヌだけであった。その2匹から、のちにイヌのさまざまな型が出てきたのである。

これはウシ、ウマ、ブタ、ネコ、サル、また海を泳ぐクジラ、マグロ、あるいは空を飛ぶワシ、スズメ、ツバメ、そのほかあらゆる動植物について同様である。最初に創造されたのは、本質的種の代表だけだった。『聖書』は、神が生物を、

「種類にしたがって」(「創世記」第1章21節)

創造されたと述べている。この「種類」とは、「本質的種」と同じと考えてよいだろう。実際『聖書』は、たとえば植物の創造に関して、

「地は植物、おのおのその種類にしたがってタネを生じる草、おのおの種類にしたがって、その中にタネのある実を結ぶ木を生じた」(同)

と記している。植物の場合「種類」とは「タネ」の種類であった。「タネ」は植物の生殖細

胞である（動物では卵《らん》細胞が生殖細胞）。神は生物を、生殖細胞の種類にしたがって創造された。神は、同じ遺伝的なつながりを持つ生物のグループを創造されたのである。つまり「本質的種にしたがって」生物を創造された。

神はまず、本質的種の各々の「代表」を創造された。そののち生物は、その代表から、本質的種の範囲内で変異していき、バラエティのある生物界を形成した。こうして、大洪水以前の世界には、様々の動植物が生息していた。

ノアの箱舟にいかにすべての種類の動物が入ったか

そののちノアの時代になって、大洪水が世界を襲《おそ》った。

ノアは箱舟に、陸生動物と鳥のすべての種類を入れるよう、神から命令された。『聖書』によると箱舟のなかには、すべての「きよい動物（食用にしてよい動物）」のなかから雄と雌が「7つがいずつ」、「きよくない動物（食用にしてはいけない動物）」のなかからは「ひとつがいずつ」、空の鳥の中から「7つがいずつ」が入った（「創世記」第7章2～3節）。こうして陸生動物と鳥のあらゆる種類が箱舟に入れられたと、記されている。

しかし、ノアは果たして当時生息していたすべての種類の陸生動物と鳥を箱舟に入れることができただろうか、という問いがしばしばなされる。

たしかに、もし、すべての「変種（品種・型）」まで入れようとしたのなら、箱舟にはとても入りきらなかったであろう。

けれども、ノアはそのようにする必要はなかった。彼は、それぞれの本質的種から代表を選び出し、箱舟に乗せればよかったからである。

本質的種の数は、すべての生物に関していえば、かなり膨大である。しかしそのなかから、すべての植物と水生動物を除き、陸生動物と鳥だけに限ると、その数はずっと少なくなる。また動物学者によると、動物のうちヒツジより大きいものに限れば、種の数は300以下である。ほかのものは小さいので、あまり場所をとらない。箱舟には、これら「代表」の動物たちが入れられた。

さらに、ノアは必ずしも、成体となった動物たちを入れる必要はなかった。スペースをとる大きな動物たちは、大人ではなく子供を入れてもまったくかまわなかった。とくに巨大恐竜などは、まだ若い、子供の恐竜を入れてもよかったのである。恐竜は卵から生まれたばかりのものは、数10センチから1メートル程度の小さな体にすぎない。これならば、十分、舟に乗せることができる。

箱舟はまた3階構造になっており、十分な床面積（約9000平方メートル）があった。したがって創造論に立つ科学者らは、箱舟は、すべての陸生生物と鳥の代表動物、および食糧を入れるのに十分なスペースであったと試算している。

神はノアの箱舟に、長さ・幅・高さの比が30：5：3という、理想的な形を与えた（同第8章）。それならば、神はまた動物たちを集めてきて箱舟に乗せる際にも、見えない御手《みて》によって、動物たちを秩序のうちに導かれたことであろう。また、箱舟内でも彼らに秩序と平静を与えた。

大洪水後、生物は、箱舟から出た代表の動物たちから再び増え広がっていった。今日の人類は、すべてノア夫妻の子孫である。ノア夫妻と、その3人の子どもたち、またその妻たち計8人は、人類の代表となって生き残り、今日の人類を生みだした。人類のすべての人種は、彼らから出たのである。

今日の人類には、血液型でいえばA、B、AB、O型などがあり、肌の色でいえば白色、黄色、褐色《かっしょく》、黒色などの別があるが、それらすべてがこれら8人から生まれ得ることは、遺伝学的に証明されている（もっといえば、これらの種類がすべて最初の人類――アダムとエバというふたりの男女から生まれ得ることも、証明されている）。

箱舟から出た代表の動物たちも、そののちさまざまな型を生じながら増え広がっていった。生物は自分のうちに「遺伝子プール」というものを持っており、自分の本質的種の範囲内で、変異していくことが可能なのである。

こうして各本質的種は、さまざまな型を持つようになり、大洪水後の世界に、ふたたびバラエティのある生物界を生みだした。神のデザインは多種多様なのである

第12章

宇宙の創造者 サムシンググレート

宇宙は「無」から誕生した

宇宙の起源について、「最近の科学では、宇宙は『ビッグバン』と呼ばれる大爆発によって始まった、といわれているではないか」と問う人もいる。われわれはこの「ビッグバン」説について、どのように考えるべきだろうか。それは果たして、インテリジェント・デザイン論や創造論と対立するものだろうか。

この説は、宇宙は最初「ビッグバン」と呼ばれる大爆発とともに始まり、現在も宇宙は膨張《ぼうちょう》しつつあるという説である。「ビッグバン」説には、いくつかの興味深い点がある。

かつては、宇宙は膨張も収縮《しゅうしゅく》もなく、始まりも終わりもないとする「定常《ていじょう》宇宙説」が支配的だった。仏教思想なども、宇宙は「無始無終《むしむじゅう》」であるとしている。しかし「ビッグバン説」は、その考えを否定し、宇宙には明らかに「始まり」があったことを証拠づけた。

原因はわからないが、宇宙は突如《とつじょ》として、爆発的に始まったとしたのである。そういう意味では「ビッグバン説」は、宇宙の「創造」という考えに近いものを持っている。

しかも、初期の「ビッグバン」説においては、最初に大爆発のもととなった「非常に密《みつ》につまった物質」が存在したと考えられていたが、最近では、宇宙の初めはそのような密な物質のかたまりではなく、むしろ「無」から宇宙が誕生したという考えに、取って替わられるようになっている。

この「無」とは、量子論《りょうしろん》（物理学の一分野）のいう「無」で、米国マサチューセッツ州タフツ大学のアレキサンダー・ビレンキン博士は、これについて、「宇宙は、量子論的自由を持つ無から誕生した」という内容のことを述べている。

また「サイエンティフィック・アメリカン」誌の1984年5月号には、「この考えによれば、宇宙は、量子力学的真空中のゆらぎによって、存在するようになったのである」と述べられている。この「量子論的自由をもつ無」とか、「量子力学的真空中のゆらぎ」とかいう言葉は、量子論の知識がないと理解が困難だが、いずれにしても開闢《かいびゃく》時の宇宙は、物質の状態ではなかったと考えられているわけだ。

このように宇宙が、「無」あるいは「真空」から誕生したと考えられるようになってきているることは、実に興味深いことである。『聖書』によれば宇宙は、神が「無から有を呼び出され」（「ローマ人への手紙」第4章17節）たことによって、存在するようになったものだからだ。『聖書』はいっている。

「目を高く上げて、だれがこれらを創造したかを見よ。この方は、その万象を数えて呼び出し、一つ一つ、その名をもって呼ばれる。この方は精力に満ち、その力は強い。一つもれるものはない」（「イザヤ書」第40章26節）

ここに、地球を含めて宇宙にあるすべての天体は、神が無からひき出して造ったものであると、述べられている。これは無から有への創造である。この句のなかに「この方は精力に満ち」とあるが、ある『聖書』訳は「精力《せいりょく》」という言葉を「エネルギー」と訳している。これは面白い訳だ。

実際、現代の科学者は、アインシュタインの関係式（$E=mC^2$）に従い、物質をエネルギーに変えることができるのと同様に、エネルギーを物質に変えることもできると、考えている。したがって、もし神が「エネルギー」に富む方であるならば、宇宙にあるすべての物質が神によって造りだされたと考えることは、理にかなったことだといえるだろう。

このようにビッグバン説は、宇宙が「無」から爆発的に始まったとしている点で、『聖書』の記述に近いものだともいえる。したがって「宇宙の創造」という考えを否定するものではない。

宇宙の爆発的誕生

しかしある人は、こういう。

「『聖書』は、宇宙は『爆発』によって始まったとはいっていない。爆発は破壊をもたらすもので、創造はしない」

けれども、ビッグバン説でいう「爆発」とはそのようなものではないのだ。というのは、われわれは「爆発」というと、とかくダイナマイトなどの爆発を思い起こしてしまう。これは「空間のなかでの爆発」である。

これに対し宇宙のビッグバンとは、空間・時間・物質の連続体である宇宙全体の爆発的誕生、ということなのである。何かの「なかでの」爆発ではなく、空間自体が急激に膨張し、物質界が突如《とつじょ》現れたのである。それはダイナマイトなどの爆発とは、根本的に異なっている。

それは頭で想像しようと思っても、ちょっと苦労してしまうような「爆発」なのである。ダイナマイトなどの爆発は、単に破壊をもたらすもので、無秩序《むちつじょ》をもたらし、創造することはない。しかし、「宇宙の爆発的誕生」は、そうした爆発とは関係がない。

宇宙は「爆発によって誕生」したのではなく「爆発的に誕生した」といったほうが、ビッグバン説の考え方をよくいい表している。空間・時間・物質が、無から急激に現れ、膨張し、展開して形を整えたのだ。現在も、宇宙は膨張しつつあると考えられている。

「天を造り出し、これを引き延べられた神なる主」(「イザヤ書」第42章5節)

宇宙は「引き延べられた」——宇宙は爆発的に現れただけでなく、その後も引き延べられ、膨張によって大きな広がりを持つに至ったと、『聖書』も述べているように見受けられるのである。

誤解しないでほしいのだが、筆者は現在のビッグバン説が完全に正しいとか、『聖書』とまったく同じだとかいっているわけではない。筆者が述べているのは、ビッグバン説は決して『聖書』の記述を否定するようなものではない、ということである。

ビッグバン説は、今後も大きく書き換えられる可能性がある。それは仮説にすぎない。しかし書き換えられながらも、それは「無から誕生して引き延べられた宇宙」という『聖書』の教えを、さらに確信させるものとなっていくに違いないと筆者は考えている。

もうひとつ興味深いことがある。それは、「無からの創造」ということを本当に述べている宗教書は、実は『聖書』だけだということである。

世界には多くの天地創造神話がある。しかし、それらの神話においてはみな、「天地創造」以前に、すでに「それに先立つ物質」が存在した。

たとえば、吉田敦彦著『天地創造の神話の謎』（大和書房）によれば、世界には、宇宙卵型神話（巨大な卵が割れて、そこから宇宙が生まれでた）、潜水型神話（原初の海から、水鳥が神に命じられて海底の土をとってきて、それが陸地になった）、島海型神話（日本神話が一例）、世界巨人型神話（殺された巨人の身体の各部から世界が造られた）などの天地創造神話がある。

ここですぐ気がつくことは、これらの神話はみな、「天地創造」に先立つ物質存在を認めていることである。意地悪く言及すれば、「では、その先立つ物質は、どのようにして存在するようになったのか」と問うところだが、古代の人間はおおらかだったのか、そこまでは問い詰めなかったようである。
しかし『聖書』は、
「はじめに神が天と地を創造した」（「創世記」第1章1節）
と述べ、天地創造が最初であることを示し、それに先立つ物質存在を語らない。『聖書』のみが、世界は「無から有を呼び出される神」（「ローマ人への手紙」第4章17節）によって存在に呼びだされた、と語っているのである。

物質界が活性化された

さて、サムシンググレート＝神が、無から有を生じさせ、宇宙の創造を開始したとき、どのようにして物質界やそこに働く諸力を整えていったのだろうか。

『聖書』の「創世記」第1章2節には、宇宙および地球が造られていく過程において、「神の霊」がその上を「動いていた」、と記されている。これは、当初混沌《こんとん》としていた宇宙および地球が活性化され、高度な秩序形態《ちつじょけいたい》を持っていくために、目に見えない実体が関与《かんよ》していたことを示す『聖書』的表現である。

『聖書』において、「神の霊」という言葉が持っているひとつの意味は、力の源泉である。神の霊は力の源泉であり、すべての種類のエネルギーは、ここから発せられる。そして「神の霊」

は、宇宙および地球において、その上を「動いて」いた。

「動く」と訳されたこの言葉は、原語では、めんどりなどがその羽を「舞《ま》いかける」、というようなときに使う言葉である（新改訳『聖書』の欄外注参照）。ちょうど、めんどりが卵の上で羽を舞いかけ、自らの体温による熱を与えて、孵《ふ》化《か》を待つように、「神の霊」は物質界を活性化し、整えていったのであろう。

今日、物理学では電《でん》磁《じ》波《は》のみならず、重力なども波動を通して伝わると考えられている。電子、陽《よう》子《し》、中《ちゅう》性《せい》子《し》なども、粒《りゅう》子《し》性《せい》を持つだけでなく波《は》動《どう》としても振る舞うとされている。そしてこのような粒子の波のことを「物質波（ド・ブロイ波）」という。

原初において「神の霊」は動きながら、エネルギーを舞いかけ、いわば波立たせていた。それによってエネルギーは「物質波」となり、また活性化された物質界となって形成されていった。こうして整えられた世界は、創造「第7日」についに完成した。

「神は、第七日目に、なさっていたわざの完成を告げられた。…（中略）…第七日目に、なさっていたすべてのわざを休まれた」（「創世記」第2章2節）

万物の完成後、神はそれまでの創造のわざから手を引き、物理的・化学的法則を固定し、宇宙の運行をそれらの法則にまかせるようになった。

それまでは宇宙にエネルギーを供給しつつ、創造のわざを展開してきたわけだが、わざの

「完成を告げられ」て以後は、もはや新しくエネルギーを宇宙に供給することはしていない、と考えられる。

したがって、物理学で宇宙を支配するもっとも基本的な法則として知られている「エネルギー保存の法則」は、当然、ここから予期される法則である。

この法則によれば、エネルギー（質量も含めて）は形態を変えるだけで、新しく造りだすことや、滅《ほろ》ぼすことはできない。何かの物理的・化学的変化が起こっても、そこにあるエネルギーの総和《そうわ》は、常に一定である。

したがって「エネルギー保存の法則」によれば、宇宙の持つ全エネルギーは一定で、ある特定の値を持っているはずである。「エネルギー保存の法則」は、神が創造のわざの「完成を告げられ」、すべてのわざを「休まれた」という記述から、当然予測される法則といってよいであろう。

太陽より先に光ができた!?

生命が営《いとな》まれる環境において、「光」が持っている役割がいかに重要であるかは、よく知られている。「光」なくしては、植物も動物も人間も、生息することはできない。地球に生命が生まれることができたのは、太陽が豊かに光を注いでいてくれたからである。

『聖書』の「創世記」第1章に記されている宇宙創造の記述のなかで、一見奇妙《きみょう》に思えるものとして、「太陽より先に光が造られた」ということがある。

創造第1日に光が創造され、すでに地球には「昼」と「夜」があった。しかし太陽自体は、第4日に造られているのだ。これを「矛盾だ」と考える人は次のようにいう。

「太陽という光源がまだなかったのに、どうして光が輝くことができるだろうか」

しかし、光が先に創造され、後に太陽が形成されたという記述は、次のようなことを考えれば、決して奇妙なことではない。まず現代の科学者は、太陽の起源についてどう考えているかを調べてみよう。

現在、科学的な研究によって、宇宙にある物質のうちもっとも多い元素《げんそ》は、水素であるといわれている。水素原子はひとつの陽子と、ひとつの電子からなるもので、元素のなかでももっとも簡単な構造をしている。

次に多いのが、ヘリウム（水素の次に単純な構造を持つ）で、水素とヘリウムをあわせると、宇宙の全物質の98パーセントにもなる。ほかの元素は、全部あわせても2パーセント程度にすぎない。宇宙にある物質の大半は、水素とヘリウムだと考えられているわけである。

これは、星からの光の「スペクトル」を調べることなどによって、わかったものである。元素は、それぞれ固有の「スペクトル」を持っているので、星からの光のスペクトルを調べるこ

⬆原始太陽は収縮《しゅうしゅく》の熱によって明るく輝《かがや》きだす。核融合光《かくゆうごうこう》の前段階の光だ。『聖書』で神は、「光あれ」といい、創造第１日目に「光」を創りだした。それは、この前段階の太陽だったのだろう。図版は「世界の創造」を描いたボッシュの絵画。

とによって、その星がどのような元素からなっているかが、わかるわけである。

一般に太陽の起源は、水素や、またいくらかのほかの元素が、自分の重力で互いを引き寄せて「ガス雲」を形成したことに始まった、と考えられている。物質の原子や分子が互いに寄り集まって、ぼんやりと集合体を形成し、「ガス雲」となっていったのである。

東大の小尾信弥博士によれば、このガス雲は自分の重力のために、さらにある程度収縮《しゅうしゅく》したとき、爆発的に明るく輝《かがや》きだしたとしている。

「密度も温度も低い（ガス雲の）外層部は、超音速度で中心に向かって落ちこんできて、すでに収縮が止まっている密度の大きな中心部分とはげしく衝突《しょうとつ》し、そのため生じたショックの波が、一気にガス雲の表面まで伝わることになる。ショック波の通過によって、ガス雲の物質は熱せられ、表面さえ四千度近くまで熱くなり、このためガス雲は急に明るく輝き出す。そのときのガス雲の大きさは、現在の水星の軌道よりも大きく……」

こうして十分に高い温度になると、ガス雲は「急に明るく輝き出」した。その明るさは、非常に明るいものであった。しかしその時のガス雲の大きさは、現在の太陽と比べて、はるかに大きく、またこの段階では、まだ水素の「核融合反応《かくゆうごう》」は、行われていなかった。

現在の太陽は、核融合によってエネルギーを得ているわけだから、そのような意味では、光り輝くこのガス雲は現在の太陽とは異なったものだったといえる。それはいわば現在の太陽の

「前段階のもの」だったのである。

そしてこのガス雲は、太陽の歴史の長さに比べると非常に短い期間のうちにさらに収縮して、現在の太陽のような大きさにまでなった、とされている。そうなると、中心部は核融合反応が起こるのに十分な温度にまで、高められることになる。小尾博士はさらに述べている。

「この収縮により、中心部はさらに熱くなり、ついに1000万度を越えるようになると、いわゆる水素の熱（核）融合反応が始まる…（中略）…太陽が誕生したのである」

以後、太陽は核融合のエネルギーによって、輝きつづけるようになる。そしてその安定した光は、今に至るまで、われわれを照らし続けてくれている。このように、核融合によって絶えず輝きつづけるエネルギーが与えられたとき、太陽が真に誕生したといってよいであろう。

神が光を創造し、後に太陽が形成されたときのことが、実際にこのようなものであったかどうかは確証できないが、このことはひとつの有益な示唆《しさ》となるだろう。

『聖書』によれば、天地創造の第1日目に、地球は「形なく、むなしい」状態であったとされているので、太陽もまだそのときは「形なく、むなしい」物質の集合体にすぎなかったと思われる。

それは現在の太陽のような形態になる前の段階のもので、水素などの原子からなるガス雲だったろう。そしてもし神が、そのガス雲を十分な温度にまで高めたとすれば、ガス雲は明るく輝きだし、地上に光を供給し、すでに自転を始めていた地球に、「夕」と「朝」を造った。これが「創造第1日」のことと思われる。

そして「第4日」に、ガス雲は現在の太陽の大きさにまで収縮し、核融合により、長い時代にわたって輝きつづけることのできる天体となった、と考えることはひとつの可能な理解だ。

実際、「神が天と地を創造した」（「創世記」第1章1節）の「創造した」と、「神は二つの大きな光る物（太陽と月）を造られた」（「創世記」第1章16節）の「造られた」は、原語では別の言葉である。「創造した」は、ヘブル原語ではバーラーで、この言葉は決して人のわざには用いられない。神のみわざにのみ用いられている。「無から有をつくりだす」というような、神による無からの創造の意味である。

一方、「（太陽や月を）造られた」（「創世記」第1章16節）の原語はアーサーで、『聖書』中、神のみわざと人のわざのどちらにも用いられている。この言葉は、無から有への創造を意味することもあるが、おもには「有から有を造る」という意味で使われる。

たとえば、麦粉をこねてパンを「つくる」（「創世記」第18章6節）というようなときに、この言葉が使われる。何かの材料を用いてものを造る、というようなことがこの言葉の一般的な用法なのである。

したがって、創造第4日に太陽が「造られた」という言葉は、「無から有を創造された」というより、むしろ「有から有を造られた」の意味と思われる。すでに存在していた材料を用いて、太陽が造られたのである。

太陽は、決して「第4日」に「無」のなかから突然現れたのではなく、太陽のもととなった物質、あるいは原型は、すでに宇宙空間に存在していた。そして「第1日」の「光あれ」(「創世記」第1章3節)の言葉とともに、それは光りだすようになり、「第4日」になって、神はそれを現在の形態の太陽に形成されたのであろう。

こうして、地球が生命の営まれる環境になるためにもっとも重要な役割をはたす太陽が、誕生した。以来、地球は太陽系の一員として、太陽から豊かな恵みを受けて、今日に至っているのである。これも、やはり見事なデザインというほかない。

地球磁場は有害な太陽風からわれわれを守っている

太陽は、われわれの地球にサンサンと光を注ぎ、地球を明るく照らしてくれている。地球上の生命にとって、太陽の光は欠かせない。しかし太陽からやってくるのは、そうした有益な光線だけではない。有害なものも、やってくる。

そのひとつに「太陽風」と呼ばれるものがある。これは「風」といっても、空気の風ではなく、放射能をもった危険な微《び》粒子の高速の風である。

だから、たとえばアメリカのアポロ宇宙船の飛行士たちが月で活動していたとき、太陽風が強くなることがないか心配して、その最中ずっと、太陽の観測が注意深くなされていた。太陽表面で「フレア」と呼ばれる爆発が起きたりすると、太陽風は異常に強く吹きだし、強い放射線のために、宇宙服を着ていても生命の危険があるからである。

このように恐ろしい太陽風が、もろに地球表面に吹きつけてくるとすれば、地球上にはとても生命は住めない。

ところが幸いなことに、地球の磁場《じば》や大気が、それを防いでいる。だれでも知っているように、地球はひとつの巨大な磁石になっている。現在のもっとも有力な説によれば、地球が磁場を持っているのは、地球の内部に一種の巨大な電磁石ができているからだと、考えられている。

地球の内部の「核《かく》」では、高温のために鉄が溶《と》けている。鉄は電気を通しやすいので、地球の自転に伴ってグルグル回ることによって、一種の発電機のようになっているのである。電気が流れれば、そこに磁場ができる。つまり地球内部で電流が発生しているので、地球は磁石となり、地球のまわりに磁場ができているのである。

この磁場が、太陽から飛んでくる危険な放射線粒子をつかまえ、閉じこめてくれている。実際、地球のまわりには磁場によって捕えられた放射線粒子が、ドーナツ状になってウヨウヨしているところがある。そこは「バンアレン帯」と呼ばれているが、危険なので宇宙船もそこを

第1日	光 （分離） 闇	太陽 の形成 月星 の形成	第4日
第2日	水　圏 （分離） 気　圏	水生生物 の創造 空中動物 の創造	第5日
第3日	陸 の形成 植物（生命）の創造	陸生生物 の創造 人間 の創造	第6日

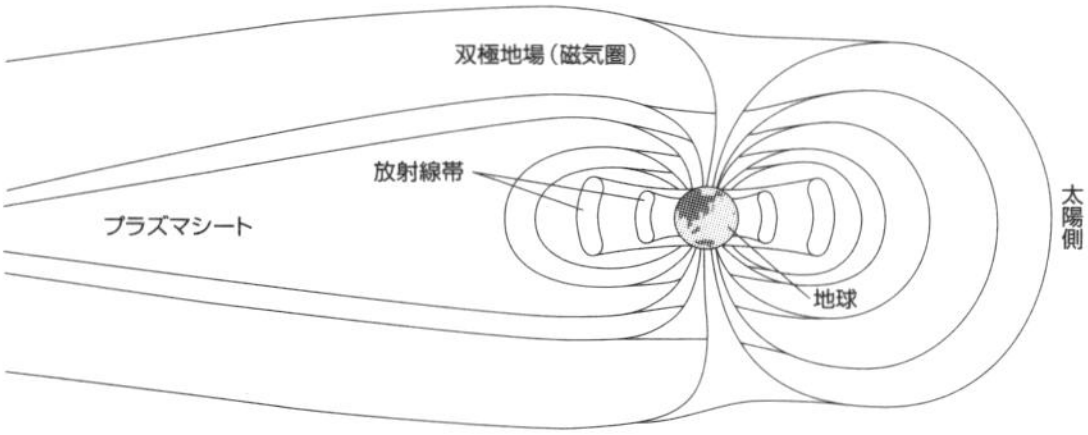

⬆（上）創造の第1～3日目と、第4～6日目は互いに対応し、それぞれがよくデザインされた創造がなされていることがわかる。
（下）地球磁場《じば》の存在によって、地球は宇宙から飛んでくる危険な放射線粒子から守られているのである。

通るのを避《さ》ける。

このように地球磁場は、危険な放射線粒子から、地上の生命を保護《ほご》する働きをしている。同様に大気も、粒子をつかまえて、地上に届かないようにしている。地球環境は実によく「デザイン」されているのだ。

『聖書』によると、創造第1日にすでに地球上では、「夕となり、また朝となった」と記されていることからもわかるように、地球はすでにそのころから、自転していた。そしてその自転に伴って、地球内部には電流が発生し、地球磁場が造られたのである。

その自転の速度も、絶妙なものだ。このように、地球が生命の住める適切な場になるために、さまざまな配慮がなされていることがわかる。

地球および宇宙は特別な計画をもって創造された

さて、『聖書』が創造の記述を通してわれわれに語りかけているもっとも重要な事柄は、地球および宇宙が特別な計画・デザインのうちに創造された、ということである。

『聖書』によれば、宇宙および地球の創造過程は、次のようなものであった。

時間・空間・物質の連続体として始まった宇宙は、神のエネルギーが付与《ふよ》されるとともに、混沌《こんとん》とした全体が分化・発展して、しだいに高度な秩序形態へと造りあげられていった。「最初のちり」（「箴言」第8章26節）に始まった物質も、単純なものだけでなく複雑なものも生成されていき、天体を形成する主な物質が整えられた。

さらに、生命にとってもっとも基本的なものである水の分子が形成されるようになり、その水は地球においては海洋を形成するまでになった。すなわち創造「第1日」の前半において、すでに時間・空間、および水を含む諸種の物質の創造があった。

さらに、光が造られ、また現在の太陽系の中心となるべき位置に太陽の原型、あるいは前段階のものが造られた。それによって光と闇、昼と夜とが「区別された」（「創世記」第1章4節）。それ以後、「第2日」「第3日」「第4日」「第5日」「第6日」における出来事は、339ページの図の通りである。

ここでわかってくることは、第1日〜第3日と、第4日〜第6日とが互いに明確な対応関係にあるということである。第1日と第4日、第2日と第5日、第3日と第6日は、対応関係にある。それらは、明らかに「デザイン」されているのだ！

まず、第1日に光と闇《やみ》（昼と夜）が分離したのに対応し、第4日に、昼をつかさどる太陽と、夜をつかさどる月星が造られている。また、第2日に「大空」が造られて水圏（海洋）と気圏（大気）が分離したのに対応して、第5日に、魚をはじめとする水生生物と、鳥をはじめとする空中動物とが造られている。

そして、第3日に陸地が形成されたのに対応して、第6日に、爬虫類《はちゅう》、哺乳類《ほにゅう》をはじめとする陸生動物が造られ、また第3日の植物（生命）の創造に対応して、第6日には人間が創造されている。ここからわれわれは、何を知るのか。

まず、地球および宇宙は、特別な設計とデザインによって創造されたということである。万物が存在するようになったのは、実に、知性を有する偉大な創造者の計画と、設計とによった。

次に、世界は光と闇の分離、陸・海・空の分離、そしてさまざまな生物の創造というように、「分化・発展」という過程を通して創造されていったということである。

神は、たとえば人間の母親の胎内《たいない》で胎児《たいじ》を成長させる際には、最初は1個の単純な受精卵《じゅせいらん》にすぎない生命を、「細胞分裂《さいぼうぶんれつ》」を通して分化・発展させ、ついには高度な機能を持つ生命体に成長させるようにした。それとまったく同じように、神は地球および宇宙を、「分化・発展」という形を通して造りあげた。

また万物のなかで、人間は最後に創造した。ちょうど、赤ん坊の誕生を待つ親が、赤ん坊の生まれる前から、おしめや、ベッド、ベビー服、おもちゃなど、必要なものをそろえてから赤ん坊の誕生を迎えるように、神は人間が生活できる環境を完全に整えた後、最後に人間を地上に置いたのである。

『聖書』はこのように、先の章でふれた「人間原理」を肯定《こうてい》している。すべては、最終的に人間をそこに置くためにに、デザインされたのである。

人体は「土」に等しい

われわれ人間の体は、約80パーセントは水で、あとは蛋白質《たんぱくしつ》や、カルシウム、そのほかの物質でできている。

水は、水素と酸素から成っている。また蛋白質は炭素、水素、窒素《ちっそ》、酸素、硫黄《いおう》から成っている。人間の体には、ほかにもナトリウム、カリウム、マグネシウム、塩素《えん》、リン、また微量《びりょう》の鉄、銅、マンガン、ヨウ素、亜鉛《あえん》、コバルト、フッ素などの物質が含まれている。

人間の体は、これらの元素が、有機的に結合してできあがったものである。

これらの元素は、すべて地球の「地殻（地球の一番外側の層）」中に見られるもので、ごくありふれた元素である。つまり人体を構成している元素は、すべて「土」のなかに含まれているのだ。

『聖書』によれば、最初の人間アダムは、「土地のちり」から造られた。

「神である主は土地のちりで人を形造り……」（「創世記」第2章7節）

この記述は、人体を構成している元素がすべて「土」に含まれていることを考えれば、きわめて当を得ているわけである。人体は、構成している元素だけを考えれば「土」に等しいからだ。

神の創造のわざには2種類あって、ひとつは「無から有を生じさせるわざ」、もうひとつは「有から有を造るわざ」である。前者は何もないところにものを造りだすこと、後者は、すでにある材料を用いてものを造りあげることである。

「土地のちりで人を形造り」の場合は、「土地のちり」のなかのさまざまな元素という材料を用いて、それを有機的に構成し、人体という高度な機能を備《そな》えた生命体に仕立てた、という意味なのである。そこにはもちろん、知的デザインがあった。なければ、土から人間は生まれない。

このように、人体はもともとは「土」に等しい。実際、人間は死ぬと、肉体は朽ちて、やがて土に帰る。

「ついに、あなたは土に帰る。あなたはそこから取られたのだから。あなたはちりだから、ちりに帰らなければならない」(「創世記」第3章19節)

という言葉通りである。肉体は死とともに腐敗《ふはい》しはじめ、分解作用によって、土に帰る。アダムの肉体の創造は、おそらくこの分解作用とまったく逆の過程を経て、なされたに違いないのである。

霊の存在

しかしアダムの肉体が「土」から造られたとき、彼はまだ、いわば人形、あるいはただの物体にすぎなかった。彼にはまだ、「生命」が吹きこまれていなかったからである。そこで神は、「その鼻に、いのちの息を吹き込まれた」（「創世記」第2章7節）

「いのちの息」とは「霊」のことである（「イザヤ書」第57章16節）。神は鼻から「いのちの息を吹き込まれ」、霊が体に宿《やど》るようにされた。「霊」は人間の生命活動・精神活動の主体である。人間に宿っている「霊」に、人間の生命がある。

もし肉体を車にたとえるなら、「霊」は、運転手にあたる。あるいは車を動かしているエネルギーにあたる。人間の内にあって生命活動を営み、生命現象を引き起こしているのは、目に見えない「霊」なのである。

人間の知・情・意（知性・心情・意志）の活動を営ませているのも、「霊」である。決して脳の物質自体が、心や精神を生みだしているわけではない。科学的には、この「霊」というものは、まだ捉《とら》えにくいものかもしれないが、霊は事実存在するものである。

霊は、ある意味で空気に似ている。空気があるところに、風や雨などの気象現象がある。同様に、心や思いといった精神現象が存在するのは、そこに目に見えない無形の「霊」という実体があるからだ。霊が脳において活動するために、それが精神現象となって表れる。

人間の肉体のうちに、このような無形の実体が宿っているに違いないことは、今では多くの科学者も認めるようになってきている。たとえば1963年にノーベル賞を受賞したジョン・

エクレス卿《きょう》は、公然と唯物論的《ゆいぶつろんてき》な考えに挑戦し、人間は肉体組織と無形の霊の両方からなる、と主張した。そしてこう述べた。

「もし人間の自己の独自性が、遺伝《いでん》法則から説明できないとしたら、また経験から由来するものでもないとしたら、これはいったい何から生ずるのだろう。私の答えはこうである。それは神の創造による。それぞれの自我は、神の創造なのである」

彼は、人間のうちに神の創造による霊があって、それが各人の自我の個性・独自性をもたらしているとした。またカナダのすぐれた精神病理学者ウィルダー・グレイブズ・ペンフィールド博士も、頭脳の物質的構造を越えたところに非物質的な霊があると唱え、その著『心の神秘』のなかでこう述べた。

「(頭脳と霊の)二重構造という仮説が…(中略)…もっとも理解できるものだ」

さらに、1981年にノーベル生理学・医学賞を受賞した大脳生理学者ロジャー・スペリー博士も、こう述べている。

「物質的な力、つまり分子や原子の働きからは、私たちの脳のモデルは描ききれない。それは部分のレベルであって、全体的レベルから部分のレベルをコントロールする意識というものを、考えなければならない」

彼のいう、全体的レベルから脳をコントロールするこの「意識」というものも、「霊」の考えに非常に近いものとなっている。頭脳と霊に関しても、その背後には、我々《われわれ》の理解を超えた偉大なインテリジェント・デザインが見られるのである。

女性はいかにして造られたか

『聖書』によると、最初に造られた人間は、男性であった。女性はあとから造られたのである。最初の女性エバは、最初の男性アダムの「あばら骨（肋骨《ろっこつ》）」から造られたとされている。

女性は、男性のように直接「土」から造られたのではなく、男性の一部を用いて造られたわけである。

「神である主が、深い眠りをその人（アダム）に下されたので、彼は眠った。それで、彼のあばら骨の一つを取り、そのところの肉をふさがれた。こうして神である主は、人から取ったあばら骨を、ひとりの女に造りあげ……」（「創世記」第2章21〜22節）

アダムのわき腹から、エバを造るために「あばら骨」の一部が取られた。とすれば、アダムはその後死ぬまで、あばら骨の一部が欠けたままだったろう。しかしこれは後天的なものだったので、あばら骨の欠損《けっそん》が、子孫に遺伝《いでん》することはなかった。

さて、この「エバがあばら骨から造られた」という記述を、読者は単なる神話と思うだろうか。しかし群馬大学医学部の細胞学の権威《けんい》、黒住一昌教授は、そうは考えない。教授はこう述べている。

「『あばら骨』のような比較的短い骨の骨髄《こつずい》（骨の芯《しん》のやわらかい部分）は、赤色骨髄であって、盛《さか》んに細胞分裂をして、急激に増殖する骨髄細胞を含んでいる。神はアダムからエバを造るときに、この骨髄を用いられたに違いない。…（中略）…骨髄細胞は盛んに分裂増殖するので、細胞培養《ばいよう》によってモノクローン抗体《こうたい》を造るときに利用されている。この細胞を培養すれば、人ひとりの数の細胞ぐらい、わけなくできる」

骨髄細胞は、細胞培養にきわめて適《てき》したものなのである。男の体の一部から女を造る際に、「あばら骨」は、きわめて適切なものだった。

そして「生物の体から細胞を少し取って、それを母体と同じような生命体に成長させる」ことは、植物の場合ならきわめて簡単で、日常的に人々の間で行われている。「挿《さ》し木」がそうである。たとえばバラの枝を少し切り、土に挿しておき、適当な環境下におくと、数週間後にはそこから根が出、葉が出、やがて母体と同じようなりっぱなバラに成長して、花を咲かせる。

挿し木という技術によって、われわれは生物から取りだした一部の細胞を、母体と同じ生命体に成長させているのである。これは、動物では簡単にはいかない。しかし今日の遺伝子工学では、動物の細胞をひとつ取り、それを培養して、母体と同じ生命体に造り上げる研究が進められている。

⬆神によるアダムとエバの創造。「土」から造られたという最初の人アダムと、アダムの「あばら骨」から造られたというエバ。実際のところあばら骨の骨髄細胞《こつずいさいぼう》は、細胞培養《ばいよう》に非常に適《てき》したものだということがわかっている。

たとえばカエルの体から細胞をひとつだけ取って、それを母体と同じ生命体に成長させる試みが、成功している。今日ではもっと高等な生物でも成功している（クローン動物）。けれども神は、人間の遺伝子工学よりもっとすぐれた方法を用いて、男の一部から、男とは違った、愛すべき補佐役を創造された。神は、男から「女」を造られたのである。

なぜ、「男から女」なのか。女から男を造らなかったのは、なぜだろうか。実は男と女の違いは、細胞学的に見ると根本的には「性染色体《せいせんしょくたい》」の差である。

人の染色体（細胞中にあって遺伝をつかさどる）は、1細胞中に46個ある。そのうち44個は「常染色体」と呼ばれ、2個ずつ対になっている。つまり「常染色体」は、22対ある。これら22対44個は、男女に共通である。

46個の染色体からこれら44個を引いた残りの2個が、「性染色体」である。性染色体は、

男はXY　女はXX

の組み合わせになっている。女はX染色体だけである。Y染色体は持っていない。だからもし、女から男を造ろうとしたなら、新たにY染色体を創造しなければならない。

しかし男から女を造るなら、XYの染色体からXだけを取りだして、それを単に2倍にすればよかった。染色体のコピーを作ることは、今日もすべての生物の細胞分裂の際になされていることだから、簡単なことだった。だからX染色体を2倍にすることは、きわめて容易《ようい》であっ

た。

細胞学的に見ると、このように男のなかに、女の基本的特質がすでに含まれている。それで神は、男から女を造られたのである。

また、もうひとつ大切なことがある。男の染色体がXY、女がXXだと、それら4つの染色体がかけあわされた後に生じるものは、やはり、必ずXYかXXである。そしてXYが生じる確率、およびXXが生じる確率は、ともに2分の1ずつである。つまり人口の半分は男で、半分は女になる。黒住教授のいっているように、「神の創造のみわざは、まことに妙にして、完全」なのである。これも精妙《せいみょう》なインテリジェント・デザインの一例だ。

創造論的思考による科学上の新発見

不思議なことかもしれないが、『聖書』の記述を信じることは、しばしば新たな科学的発見をもたらす。そのいくつかの例を見て、本書のしめくくりとしたい。

われわれは、海には親潮《おやしお》（千島《ちしま》海流）とか、黒潮《くろ》（日本海流）、メキシコ湾《わん》流など、「海流」というものがあることを知っている。そして海流に乗れば、船は早く目的地に達することができることも知っている。その海流の通り道は、船にとっては航路《こうろ》となり「海路」となっている。

しかし海流、海路の様子は、19世紀のマシュー・モーリー以前には、よく知られていなかった。彼はどのようにして海流、海路を発見したのだろうか。実は彼は、『聖書』の言葉をもとに、その存在を予測し、詳《くわ》しい調査のうえにそれを発見したのである。

「詩篇」第8篇8節には、次のように記されている。

「……空の鳥、海の魚、海路を通うものも」

マシュー・モーリーはこの言葉から、海には「海路」というものがあると考えた。すなわち、そこを通れば早く目的地に行けるような路である。魚たちもそれを使っているに違いない。それを見出せば、船も目的地に早く着ける。

そこで彼は、航海日誌などの資料を念入りにチェックし、海流を調査して、ついに最短時間で目的地に行ける「海路」を発見したのだ。これは、『聖書』の記述を真実と受け取って、その結果新たな科学的発見がなされた一例である。米国バージニア州の記念碑には、こう記されている。

「マシュー・フォンティーン・モーリィは、海路の発見者、海洋と大気から初めてその法則の秘密を引きだした天才、彼のインスピレーションは『聖書』から得られた。詩篇8篇8節、107篇23、24節、伝道者の書1章6節」

『聖書』の記述から新しい科学的事実を見出したという例は、ほかにもある。アメリカのラッセル・ハンフリーズ博士による天王星の磁場の強さに関する予測も、そうである。

博士は、創造論の考えに基づき、天王星は創造されてから何十億年もたっていないと考え、その磁場の強さは2～6×10の24乗Am²と概算《がいさん》した。一方、このとき進化論者は、天王星の磁場はもっとずっと小さいか、まったくないだろうと予測していた。

これが実証される日が、ついにアメリカの惑星探査機《たんさき》ボイジャー2号によってもたらされた（1986年）。ボイジャー2号は天王星のそばを通過するとき、天王星の磁場が3×10の24乗Am²であることを示すデータを送ってきたのである。これは、まさにハンフリーズ博士の予測の範囲内であった。

また、ボイジャー2号が1989年に海王星の近くを通過したときに送ってきた磁場データも、彼の予測とピタリ一致した。このことも、『聖書』の記述をもとに新たな科学的事実が予見された実例である。

筆者は、インテリジェント・デザイン論や創造論の研究がもっと推し進められていけば、さらに多くの科学的事実が発見されるであろうと信じている。

まとめ——偉大なる知的デザイナーの7日間と大洪水

本書で述べた宇宙、地球、また生物界、人類の誕生に関する創造論的、またインテリジェント・デザイン論的な考え方を、以下にまとめてみよう。

宇宙すなわち万物は、『聖書』が述べているように「無から有を呼び出される」(「ローマ人への手紙」第4章17節)かたちで、存在へと呼びだされた。

引き延べられた空間のなかに、「最初のちり」(「箴言」第8章26節)が創造された。また宇宙空間に存在するようになった無数のチリは、地球をはじめ、そのほかの星々を形成した。

また太陽系の中心に太陽の原型、あるいは前段階のものが生まれ、光を発するようになった(創造第1日)。のちにそれは、核融合《かくゆうごう》による安定した光を供給する現在のような太陽となった(第4日)。

誕生当初の地球は、水蒸気を主成分とする膨大《ぼうだい》な量の「水蒸気大気」におおわれていた(第1日)。『聖書』はそれを、「大いなる水」(「創世記」第1章2節)と呼んでいるが、それは地球の歴史に比べてきわめて短期間のうちに、「大空の上の水(水蒸気層)」、「大空(大気)」、「大空の下の水(海洋)」とに分立した(第2日「創世記」第1章7節)。

海洋は、はじめ地表の全域をおおっていたが、海中から大陸が現れ、海と陸は分離した。当時の大陸はひとつであった。

そののち、地表に造られた植物は、炭酸《たんさん》同化作用によって酸素《さんそ》を放出し、大気中に遊離《ゆうり》状態にある酸素を増加させた。また、植物はさまざまな有機物質から成っているため、動物や人間が食べる食物ともなった(第3日)。

また植物創造ののち、さまざまな動物たちも「種類にしたがって」創造され、また最終的に人間が創造された（第5〜6日）。

さて、大洪水以前の地球には上空に厚い水蒸気層があったので、地表はどこも、緯度《いど》の高低にかかわらず、ビニールハウスのなかのように温暖だった。砂漠《さばく》や万年氷原はなく、どこもみずみずしい植物におおわれ、恐竜をはじめとする巨大生物も存在していた。

しかしノアの日に、水蒸気層は大雨となり、「40日40夜」地の上に降った。また膨大な量の地下水も噴きだし、大洪水をさらに大規模なものとした。当時の大陸は現在よりずっとなだらかだったので、水は地の全面をおおった。

また水面は大雨の止んだ後も上昇しつづけ、「水は150日間、地の上に増え続けた」（「創世記」第7章24節）。これは大洪水に洗われた地表にさまざまな変化が生じ、「山は上がり、谷は沈んだ」（「詩篇」第104篇8節）からである。

この地殻変動は、おそらく海洋部から始まり、まず海底山脈が隆起《りゅうき》し、海面を上昇させ、大雨に始まった大洪水を、より大規模なものとした。

しかしその後、水は「しだいに地から引いていった」（「創世記」第8章3節）。それは、世界各地で山々が隆起し、谷は沈下して、地表の起伏が激しくなったからである。水は低いところにたまり、海面上に出たところが陸となった。

現在の地表に見られる高山や、海底山脈、巨大な海溝などは、大洪水の激変の際の地殻変動によってできたものである。またこの変動によって、もともとひとつであった大陸は、現在の形のように分離した。

大洪水によって、多くの動植物が死に絶えた。氷づけにされたマンモスや、死のもがきのまま地層内にとらえられた多くの生物の化石が、それを物語っている。

世界の地層のでき方は、進化論よりも大洪水の考えによって、よく説明できる。地層や地層内の化石は、進化論の説明によると多くの矛盾点や不明点が生じるが、大洪水の考えによるなら、矛盾は生じない。

大洪水が始まったとき、一般に海底生物はもっとも下の層に、魚類や両生類は、泳ぐことができたのでその上の層に、また陸生動物は、海の生物より高いところに住み移動性にもすぐれていたので、さらに上の層にとらえられた。

そして人間は、高度な移動性と、水から逃れるための知恵を持ち合わせていたので、一般にもっとも高いところで発見される。

大洪水によって、地層は急速に堆積し、そのなかにはさまざまな化石が形成された。化石は、このような激変的過程によらなければ、決して形成されないのである。

大洪水後、地表の様相《ようそう》は一変した。気候は変わり、極地は氷に閉ざされた。地表は再形成さ

⬆アダムとエバ（人類）は、善悪を知る木の実を口にしたがために楽園を追われ、人類の善悪の歴史がはじまった。この一組の男女から、白色・黄色・黒色などの人類や、A、B、AB、O型などの血液型のすべてが生まれ得ることも、遺伝学的に証明されている。

れ、生態系も変わった。

また、水蒸気層の取り去られたあとの地球には、宇宙線や紫外線《しがいせん》などの照射が強くなり、人間の寿命は短くなった。

進化論者は、宇宙や地球の年齢、また人類の年齢をきわめて膨大なものとしているが、多くの信頼できる証拠は、地球も人類も非常に若いことを示している。

進化論者は「長い時間」を求めた。しかし仮に、宇宙の年齢が150億年あったとしても、あるいはそれ以上あったとしても、そこに生命が自然に発生する確率はゼロである。

宇宙、地球とそこに住む生物、また人類は、『聖書』の述べているように「種類にしたがって」最近創造されて出現したものだと考えたほうが、理にかなっている。

生物の種と別の種の間に、中間型は存在しない。現在ないだけでなく、化石記録にもない。化石記録は、進化はなかったことを物語っている。化石は進化の証拠ではなく、創造の証拠である。

生命体は、驚くほど精巧《せいこう》で緻密《ちみつ》な機械構造を持っている。これを偶然《ぐうぜん》の産物と考えることは不可能である。さらに宇宙も地球環境も、驚くほど絶妙な微調整（ファイン・チューニング）のもとで成り立っており、これまた偶然の産物と考えるのは不可能である。

宇宙も、地球も、人類も、偶然に基づいた進化の結果ではない。自然界のすべてを唯物論的な考えで説明することはできない。宇宙や生命の存在は、サムシンググレート、偉大な知的デザイナーの働きが背後にあった結果なのである。

「創造論」および「インテリジェント・デザイン論」との出会いは、筆者の人生を変えるほどの衝撃をもたらしたものである。その考え方を本書を通して読者にご紹介できることを、たいへん幸福に思っている。

もし筆者が、かつてのように進化論的思考のなかに生きていたならば、つまるところ、人生の真の意味も目的も見出すことができなかったであろうと思う。しかし創造論、インテリジェント・デザイン論に立つようになったとき、人生についてまったく違った思いをいだくようになった。

「偶然か知的デザインか」また「進化か創造か」は、このように、単なる科学上の問題としてはとどまらないものである。それは各自の人生観や幸福観にも、深い影響を与える。学生時代から科学が好きだった筆者にとって、創造論やインテリジェント・デザイン論との出会いは本当に幸いなことであった。そして必要なことだったと思う。

もし読者が、本書を通してこれら新しい理論の考え方の一端《いったん》を理解して下さったとすれば、さらに進んでその思考のなかに生きて下さることを、強く願うものである。またインテリジェント・デザイン論、そして創造論の研究を推し進め、いっそう発展させていただきたい。

これらの理論の研究は、実はまだ始まったばかりである。創造論／インテリジェント・デザイン論は、研究すればするほど、もっと素晴らしい発見をわれわれにもたらしてくれるだろう。

もし創造論についてもっと知りたい、という方がいれば、日本にもある「クリエーション・リサーチ・ジャパン」（旧・創造科学研究会）に連絡をとってみられることをお勧めする（http://www.sozoron.org）。そこからさまざまな出版物が出ており、創造セミナーも各地で開かれている。

一方、インテリジェント・デザイン論に関しては、日本では「創造デザイン学会」というところが理論の紹介を行っている（http://www.dcsociety.org/）。そのウェブサイトでは国内外のＩＤ論者のいろいろな論文を日本語で読むことができる。

筆者の知る限りでは、日本ではまだそれくらいしか、これらの理論を紹介する組織はないとみられる。しかし、もしあなたが英語ができるなら、インターネットで検索《けんさく》してみると、海外のインテリジェント・デザイン論者や、創造論者が発信する情報にふれることができるだろう。

インテリジェント・デザインのサイトとしては、「インテリジェント・デザイン・ネットワーク」（http://www.intelligentdesignnetwork.org/）などがあり、また創造論に関してであれば「アンサーズ・イン・ジェネシス」（http://www.AnswersInGenesis.org）などが、初心者向けから研究者向けまで内容が充実していてお勧めだ。

最後に、本書を世に問うために協力をして下さった方々――ICRのヘンリー・M・モリス名誉総裁《めいよそうさい》、クリエーション・リサーチ・ジャパンの宇佐神正海氏、宇佐神実氏、筆者の妻に感謝申し上げる。ほかにも多くの方から貴重な助力をいただいた。名前を書きだすと、とめどがないが、筆者の感謝は変わらない。

本書が、読者にとって「インテリジェント・デザイン論」「創造論」との良き出会いになることを願うものである。

2008年12月25日　久保有政

■参考文献

マイケル・J・ベーエ著『ダーウィンのブラックボックス』（青土社１９９８年）
フランシス・ヒッチング『キリンの首』（平凡社１９８３年）
William A. Dembski “Intelligent Design” IVP Academic, １９９９
北野康著『水と地球の歴史』（ＮＨＫブックス１９８３年）
井尻正二、湊正雄共著『地球の歴史』（岩波新書１９８３年）
竹内均、上田誠也共著『地球の科学』（ＮＨＫブックス１９８４年）
松井孝典著『地球・宇宙・そして人間』（徳間書店１９８７年）
小嶋稔著『地球史』（岩波新書１９８１年）
カール・セーガン著『コスモス』（旺文社１９８０年）
『ニュートン』（教育社）１９８６年四月号
『サイエンティフィック・アメリカン』１９８４年5月号
『インパクト』『マハナイム』『創造科学研究会誌』シリーズ（聖書と科学の会）
小尾信弥著『太陽系の科学』（ＮＨＫブックス１９８０年）
バターフィールド、ブラッグ他著『近代科学の歩み』（岩波新書）

畑中武夫著『宇宙と星』（岩波新書1985年）
立花隆著『宇宙からの帰還』（中公文庫1985年）
Ham, Snelling, Wieland, "The Answers Book"（Master Books 1992年）
『最新宇宙論』学研ムー・サイエンスシリーズ　1988年　第2巻
トーマス・F・ハインズ著『創造か進化か』（聖書図書刊行会1975年）
ヘンリー・H・ハーレー著『聖書ハンドブック』（聖書図書刊行会1980年）
南山宏著『オーパーツの謎』（二見書房1993年）
「月刊ムー」（学研）1993年11月号　1996年6月号　2007年3月号
壺内宙太とスペース探査室編『宇宙の謎』（青春出版社1990年）
月岡世光著『創造か進化か』（聖書通信協会トラクト）
ミカエル・アラビー、ジェームズ・ラブロック共著『恐竜はなぜ絶滅したか』（講談社ブルーバックス1986年）
『恐竜の血は温かかった』（日経サイエンス社1987年）
モリス・ボードマン・クーンツ共著『科学と創造』（ICR発行1971年）
スタンフィールズ著『進化の科学』（マクミラン出版1977年）
アルフレッド・レップレ著『聖書の世界』（山本書店1966年）

シルビア・ベーカー著『進化論の争点』（聖書と科学の会１９８３年）
コリン・ウィルソン著『時間の発見』（三笠書房１９８２年）
"Creation ex nihilo" magazine, Answes in Genesis
Henry M. Morris, "The Genesis Record", Baker Book House Co., USA, 1976
G・E・パーカー著『進化から創造へ』（聖書と科学の会１９７４年）
聖書科学研究会編『創造・進化―その科学と信仰』（アドベンチスト・ライフ１９８４年）
アシュレー・モンテギュー著『人類の百万年』（社会思想社・現代教養文庫１９６８年）
バイロン・C・ネルソン著『種類にしたがって』（伝道出版社１９６１年）
ヒュー・ロス著『宇宙の起源』（つくばクリスチャンセンター１９９７年）
ホーマー・ダンカン著『進化論その盲点をつく』（いのちのことば社１９８１年）

●編集制作●中村友紀夫
●写真提供●久保有政／浅川嘉富／共同通信／ＡＰイメージ／学研資料室
●図版・ＤＴＰ制作●明昌堂

MU SUPER MYSTERY BOOKS 刊行にあたって

このたびは〝ムー・スーパー・ミステリー・ブックス〟をお買いあげいただきありがとうございます。

このムー・ブックスは、月刊スーパー・ミステリー・マガジン「ムー」の創刊3周年を期して刊行された単行本シリーズです。はるか古代の謎から大宇宙の神秘まで、過去、現在、未来のあらゆるミステリーにアタックし、その謎解きに挑戦していこうとするものです。

シンボルマークは南太平洋に浮かぶイースター島の石像〝モアイ〟。幻の大陸・ムーとも関連づけられている、孤高の遺物です。末長くかわいがってくださるようお願い申しあげます。

また、この本を読んでのご感想、ご意見、今後のご希望、企画などありましたら、編集部までどしどしお寄せください。

ムー・ブックス編集部

天地創造の謎とサムシンググレート

2009年4月21日 初刷発行

著者――久保有政

発行人――大沢広彰

発行所――株式会社 学習研究社

〒141-8510 東京都品川区西五反田2-11-8

印刷――共同印刷所 製本――若林製本

★ご購入・ご注文は、お近くの書店へお願いします。

★この本に関するお問い合わせは次のところへ。

・編集内容に関することは――編集部直通 03(6431)1506

・在庫・不良品(乱丁・落丁等)に関することは――出版販売部 03(6431)1201

・それ以外のこの本に関することは――学研 お客様センター ムー・ブックス『天地創造の謎とサムシンググレート』係へ

文書は、〒141-8510 東京都品川区西五反田2-11-8

電話は、03(6431)1002